국내외 5G 통신관련 산업분석보고서

2024개정판

저자 비피기술거래 비피제이기술거래

㈜ 비티타임즈

1. 서론

1. 서론

[그림 2] 5G

5G 이동통신은 4G보다 20배 빠른 데이터 전송속도와 10배 빠른 반응속도, 10배 많은 기기를 연결할 수 있는 차세대 통신 인프라로 이를 통해 다양한 산업들이 새로운 국면을 맞이하고 있다. 5G는 더 많은 데이터를 끊김 없이 더욱 빠르게 주고받을 수 있는 특징을 가지고 있기 때문에 산업 간 융합을 촉진시킬 수 있으며, 이를 통해 산업과 사회의 모든 분야가 네트워크에 연결되어 산업간의 장벽이 사라지고 사회와 개인의 삶의 모든 분야에서 편의성이 증대할 것으로 전망된다.

또한 최근 크게 증가하고 있는 실감미디어(증강현실, 가상현실, 혼합현실) 기술로 인해 5G 시장은 크게 성장할 것으로 전망된다. 5G는 실감미디어의 빠른 성장에 큰 연료가 되고있는 기술로, 초저지연, 초연결성, 초고속 등을 특징으로 고용량 게임 및 다중 영상콘텐츠, 가상·증강현실, 홀로그램 등 실감콘텐츠와 관련하여 핵심적인 인프라 기능을 수행할 것으로 기대되고 있다.

본 보고서에서는 5G를 통해 다양한 국면을 맞이하게 된 산업들에 대해 살펴보고 마지막으로 5G를 통해 산출되는 다양한 비즈니스 기회를 알아보고자 한다.

---

1) 게티이미지뱅크

2.   5G 개요

2. 5G 개요[2][3]

가. 5G란?

5G는 과연 무엇을 말하는 것일까? 우리는 최근 많은 매체를 통해 5G라는 용어를 어렵지 않게 접할 수 있다. 아마 사람들에게 5G가 무엇인가요? 라고 물으면 대부분의 사람들은 '빠르다'라는 이야기를 할 것이다. 과연 5G는 '빠르다'로만 정의될 수 있는 기술일까? 우리는 이에 대해 먼저 살펴볼 필요가 있다.

5G는 데이터 송·수신 용량과 속도 관점에서 유·무선간 차이가 없을 정도의 빨라진 '이동 통신 환경'과 기기 사용에 있어 저전력성 및 많은 기기들이 접속하는 환경에서도 서비스의 안정성을 보장하는 'IoT 통신 환경'을 동시에 구현할 수 있는 이동통신 기술 방식'이다.

크게 나누어 5G의 특징을 살펴보면, 유·무선 차이가 없는 대용량·고속 데이터 이용 환경, IoT 이용 환경, 하나의 망으로 eMBB, mMTC, uRRCL를 동시에 구현하는 One Connectivity로 볼 수 있다.

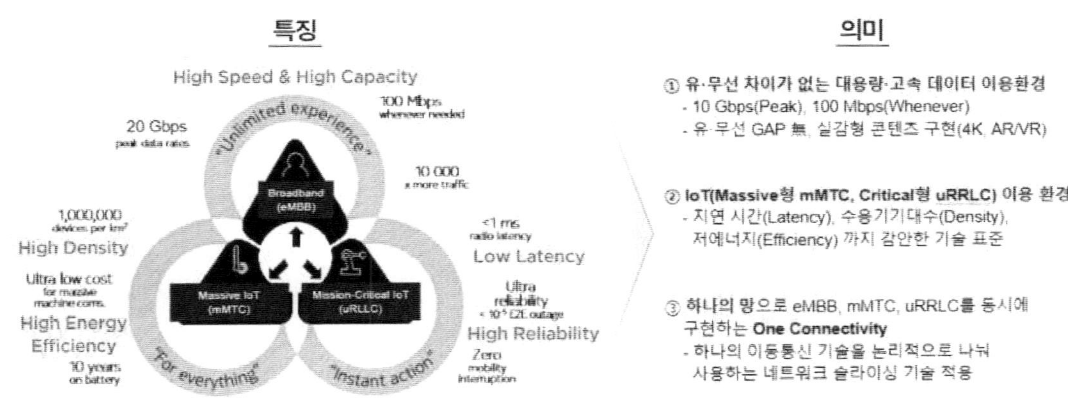

[그림 4] 5G의 특징과 의미

좀 더 구체적으로 5G의 특징은, 최대 20Gpbs 및 일상적으로 100Mbps 속도가 가능한 '고속(High Speed)'과 기존보다 1만배 이상 더 많은 트래픽을 수용하는 '대용량(High Capacity), 1평방 킬로미터 당 1백만개의 기기가 가능한 '고밀집(High Density)', 배터리 하나로 10년간 구동 가능한 '고에너지 효율(High Energy Efficiency)', 1ms(미리 세컨드) 이하의 '낮은 지연시간(Low Latency)', 이동간 제로 중단을 실현하는 '고 안정성(High Reliability)' 등 6개의 단어로 정의할 수 있다.

---

2) 5G가 만들 새로운 세상, DNA 플러스 2019, 한국정보화진흥원
3) 5G 국제 표준의 이해, 삼성전자

5G가 가진 '고속', '대용량', '고밀집', '고에너지 효율', '낮은 지연시간', '고 안정성' 등 6가지 기술적 특징으로 변화에 대한 시사점을 도출해 낼 수 있는데, 먼저 5G에서는 유·무선 차이가 없는 대용량·고속 데이터 이용환경이 가능해진다. 즉, 멀티미디어 기기에서는 4K·8K 및 AR/VR 등 실감형 콘텐츠들이 구현되며, 고해상도 대화면 TV도 굳이 셋탑 박스 때문에 특정 장소에 고정될 필요가 없어진다.

다음으로 고밀집 기기 접속 환경이 구현되어 진짜 IoT 이용 환경이 가능해 진다. IoT도 그 서비스 특징에 따라 저렴하게 많은 기기들을 접속하여 다양한 정보를 취합 및 기기를 제어할 수 있게 해 주는 다기기 접속형 IoT(Massive IoT)와 의료 및 자율주행차에서 사용될 수 있는 극안정형 IoT(Mission Critical IoT)로 나눌 수 있다.

과거 IoT 전용망들은 저렴하게 많은 기기를 접속할 수 있는 환경 구축에 집중한 반면, 5G는 극안정형 IoT도 가능하게 하는 등 기존 IoT 전용망이 포함하지 못한 새로운 IoT 영역까지 서비스를 가능하게 해줄 것으로 전망된다.

마지막으로, 5G 환경 속에서는 네트워크 슬라이싱 기술로 인해 위의 모바일 브로드밴드, IoT를 동시에 하나의 기술과 망으로 구현 가능하다. 이렇게 되면 과거에 4G가 포함할 수 없지만 그 니즈는 있어왔던 IoT 전용망이 5G 시대에는 존재할 필요가 없어지게 된다.

또한 스마트폰 등 모바일 브로드밴드 망을 이용한 서비스, IPTV 등과 같이 댁 내 유선 브로드밴드 망을 이용한 서비스, IoT 서비스 등이 하나로 관리되는 서비스가 가능해 더 쉽게 구현된다.

나. 등장 배경4)

이동통신 기술은 1980년 제 1세대 아날로그 이동통신 서비스가 시작된 이래로 세대별 진화를 거듭해오고 있으며 2019년 5월 우리나라의 세계 최초 5G 사용화를 기점으로 5G 이동통신으로의 성공적인 진화가 이루어졌다. 1G/2G 시대는 무선음성 서비스가 핵심 서비스로 아날로그에서 디지털로의 전환이 이루어졌으며, 3G/4G 시대는 무선 인터넷 기반의 데이터 서비스가 핵심 서비스로 제공되며 스마트폰 출현 기반 등 품질 개선을 위한 기술의 진화가 이루어졌다. 그리고 5G 시대는 4G 대비 초고속, 초저지연, 초연결을 지원하며 이를 기반으로 스마트시티, 스마트팩토리, 자율자동차, 실감미디어 콘텐츠, 지능형CCTV 등 다양한 융합서비스 제공이 가능해진다.

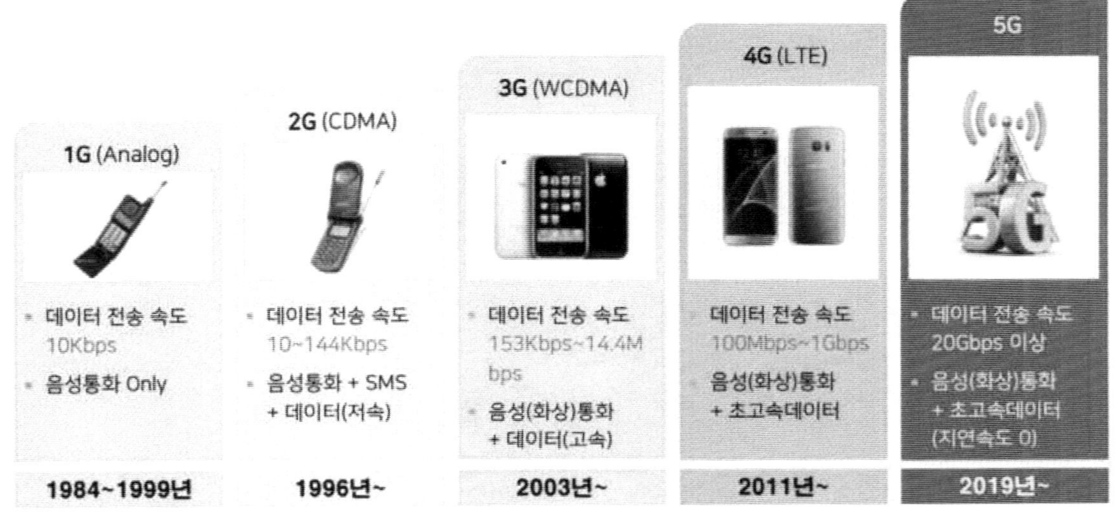

[그림 5] 이동통신 기술 세대별 주요 특징

5G에서 G는 이동통신의 세대(Generation)을 의미하며 아날로그 방식의 1세대 이동통신은 10Kbps 속도로 음성을 전송하는 AMPS(미국) 표준 기반의 기술방식으로 운영되었다. 이후, 2세대 디지털 셀룰러 시스템이 등장하였고 TDMA 기반인 유럽의 GSM과 CDMA 기반인 북미식 IS-95가 대표적인 기술표준으로 자리잡았다. 2002년 3세대 이동통신 WCDMA 기술이 상용화 되면서 최대 2Mbps 속도를 지원하며 동영상 멀티미디어 통신서비스가 가능해졌으며, 스마트폰의 등장으로 무선멀티미디어 서비스의 확산이 급격히 이루어졌다. 그러나 스마트폰의 보편화는 3GPP(3rd Generation Partnership Project)가 만든 LTE (Long Term Evolution) 기술인 4세대 이동통신이 도입되며 초고속, 고품질의 무선데이터 서비스가 가능해지며 본격적으로 이루어졌다고 볼 수 있다.

---

4) 5G 기술·산업 현황 및 향후 비전, KPC4IR, KAIST, 2020

	1G	2G	3G	4G	5G
표준기술	AMPS (FDMA)	IS-95 (CDMA)	WCDMA (CDMA)	LTE (OFDMA)	LTE/NR (New Radio)
전송속도	~10kbps	~64kbps	~2Mbps	~1Gbps	~20Gbps
상용화시기	1984	1996	2002	2011	2019
주요서비스	음성	음성, 문자	음성, 영상 무선인터넷	초고속 무선인터넷, 대용량 멀티미디어	IoT, 가상환경 기술, 스마트시티 등 융합서비스

[표 1] 이동통신 서비스 진화 및 주요 특징

UN 산하 국제 기구인 ITU(International Telecommunication Union, 국제전기통신연합)에서는 세대 구분 용어를 사용하지 않고, IMT-2000 (3세대), IMT-Advanced,(4세대) IMT-2020(5세대)라 칭하고 5G의 개념 및 비전을 제시하고 있으며 2015년 IMT-2020에 대한 비전을 발표하였다. ITU 5G 비전에 따라 5G는 최고 전송속도 20Gbps, 주파수 이용 효율이 4G의 3배, 최대 이동속도 500km/h까지 지원하며, 초고용량 실감형 데이터 서비스, 초실시간 양방향 서비스, AR, VR 등 가상환경 기술, IoT, 자율주행차 등 실시간 통신·제어 통신 서비스가 가능할 것으로 예상하고 있다.

다. 5G의 기술 진화 방향

5G 이동통신 기술의 특징으로 이전 세대와의 차이점으로 3가지 키워드를 제시할 수 있다. ▷초광대역 서비스(eMBB: enhanced Mobile Broadband) ▷고신뢰/초저지연 통신(URLLC: Ultra Reliable & Low Latency Communications) ▷대량연결(mMTC:massive Machine Type Communication)이 5G기술의 주 된 특징이다.

1) 초광대역 서비스(eMBB)

초광대역 서비스는 UHD 기반 AR/VR 및 홀로그램 등 대용량 전송이 필요한 서비스를 감당하기 위해 더 큰 주파수 대역폭을 사용하고 더 많은 안테나를 사용하여 사용자당 100Mbps에서 최대 20Gbps까지 훨씬 빠른 데이터 전송속도 제공을 목표로 한다.

15GB (Giga-Byte)사이즈의 고화질 영화 1편을 다운로드할 때 500Mbps 속도의 최신 4G는 240초 소요되는 반면 20Gbps 속도의 5G에서는 6초가 소요된다. 특히 기지국 근처에 신호가 센 지역뿐만 아니라 신호가 약한 지역 (Cell Edge)에서도 100Mbps 급의 속도를 제공하는 것을 목표로 하고 있다. 이렇게 되면 한 장소에 수만 명이 오가는 번화가나, 주요 경기가 열리는 경기장과 같이 사용자가 밀집된 장소에서도 끊김 없는 고화질 스트리밍 서비스 이용이 가능할 것이다.

2) 고신뢰/초저지연 통신(URLLC)

고신뢰/초저지연 통신은 로봇 원격 제어, 주변 교통 상황을 통신을 통해 공유하는 자율주행차량, 실시간 interactive 게임 등 실시간 반응 속도가 필요한 서비스를 대비하기 위한 것으로서, 기존 수십 밀리 세컨드 (1ms = 1/1000 초) 걸리던 지연 시간을 1ms 수준으로 최소화하는 것을 목표로 하고 있다.

URLLC는 이를 구현하기 위해 무선자원관리 분야나 네트워크 설계 등의 최적화를 진행하고 있다. 시속 100Km/h 자율주행 차량이 긴급 제동 명령을 수신하는 데 걸리는 시간을 예로 들면 4G에서 50ms 지연 가정 시 1.4 m 차량 진행 후 정지신호를 수신하는 반면 5G에서 1ms 지연 가정 시 2.8 cm 차량 진행 후 정지신호를 수신하게 된다. (주의: 실제 차량의 제동거리 차이가 아니라, 정지신호를 송신 후 수신하는 동안의 차량 이동 거리이다.)

3) 대량연결(mMTC)

대량연결은 수 많은 각종 가정용, 산업용 IoT 기기 들이 상호 연결되어 동작할 미래 환경을 대비하기 위한 것으로 1 km² 면적 당 100만개의 연결(connection)을 지원하는 것을 목표로 기술 개발 및 표준화가 진행 중이다.

라. 기술 진화 관점에서 살펴본 5G의 변화

5G의 정확한 명칭은 IMT 2020로, 현재 우리가 일상 생활에서 사용하고 있는 4G 대비 성능이 10배 이상 향상되는 혁신적인 발전이 있을 것으로 전망하고 있다. 4G를 불편함 없이 사용하는 이용자들도 많지만, 5G를 사용한다면 성능 체감이 크기에 확연히 달라진 통신서비스를 체감할 수 있을 것이다.

몇 십 퍼센트 성능 개선으로는 세상이 바뀔 것이라 말할 수 없지만, 다가올 5G 시대는 10배 이상의 발전이 있기에 지금보다 확연히 다른 세상이 도래할 것으로 예상한다.

	1G	2G	3G	4G	5G
ITU 명칭			IMT 2000	IMT-Advanced	IMT 2020
전개시점	1980년대	1990년대	2000년대	2010년대	2020년대
Peak Data Rate	2kbit/s	384kbit/s	56Mbit/s	1 Gbit/s	20Gbit/s
Bottom Data Rate				10Mbit/s	100Mbit/s
밀집도 (per k㎡)	N/A	N/A	N/A	0.1M (4.5G)	1M
응답속도	N/A	629ms	212ms	60-98ms	< 1ms

[표 2] 세대 기술 대비 비교

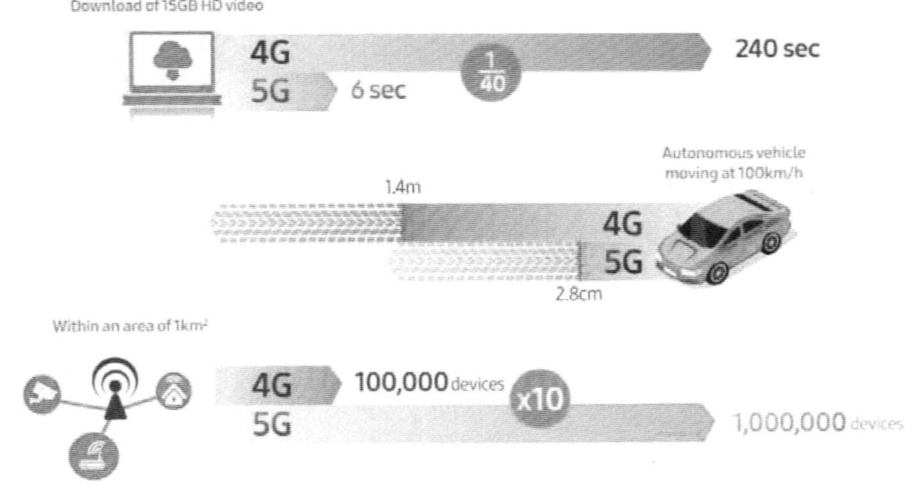

[그림 6] 4G와 5G의 비교 사례

3. 5G의 산업 파급효과

3. 5G의 산업 파급효과

5G는 이를 투자하고 설치해야 하는 이동통신사업자로부터 시작될 것이며, 기술 적용에서 가장 빠른 효과를 볼 수 있는 현재 가장 보편적으로 사용되는 소비재인 스마트폰 산업과 처음부터 함께해야 확대될 수 있을 것이다.

그리고 스마트폰 기기에 들어가는 반도체로부터 연결 환경이 확대되면서 다양한 통신 모듈 및 부가 기능의 반도체로 확대되는 등 반도체 산업에도 직접적인 영향을 미칠 것이다. 또 다양한 디스플레이로 5G가 접목되면서 이 산업 역시 영향을 받을 수밖에 없다. 그리고 장기적으로는 IoT, A.I.의 확산의 기폭제가 될 전망이다.

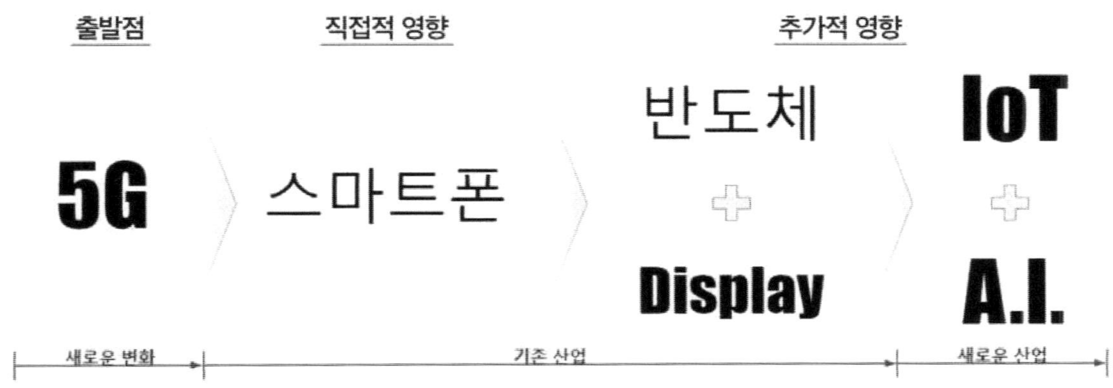

[그림 8] 5G의 향후 산업영향도

가. 세계 5G 준비 현황
1) 중국[5]

중국의 첫 번째 5G 기지국 개통은 2017년 6월 24일로, 광저우 캠퍼스 타운에서 개통되었다. 이는 2017년 2월 스페인 바르셀로나에서 열린 세계이동통신대회(Mobile World Congress) 대응이기도 하지만, 중국내 5G 정식 상업서비스를 준비하기 위해 시험용 외부 기지국을 처음 개통했다는 의미를 가진다.

2018년 12월, 공신부는 3대 이동통신사의 5G 주파수의 시범 운용을 허가했다. 또한 18개 시범 도시를 지정했는데, 베이징, 상하이, 광저우, 우한과 같은 대도시는 물론, 빅데이터 산업 중심지인 구이양과 베이징의 인구분산을 위해 개발되고 있는 슝안 등이 포함되었다. 중국 정부는 이들 지역에서 먼저 5G 상용화를 이룬 후 점차 다른 지역으로 커버리지를 확대할 계획이었다.

이동통신사	시범 도시
중국이동	상하이, 항저우, 광저우, 쑤저우, 우한, 베이징, 톈진, 선전, 칭다오, 난징, 구이양, 청두, 푸저우, 정저우, 선양
중국연통	베이징, 상하이, 톈진, 항저우, 광저우, 선전, 우한, 슝안, 선양, 칭다오, 난징, 푸저우, 정저우, 청두, 충칭, 구이양
중국전신	상하이, 선전, 슝안, 쑤저우, 청두, 란저우

[표 3] 중국 5G 18개 시범 도시 현황

중국의 5G 정식 상업개통은 2019년 10월로 이는 세계 최초를 기록한 한국(2019년 4월 3일)보다 약 7개월 후였다. 2019년 10월 31일, 베이징 2019 중국국제정보통신전람회에서 공신부와 5G 3대 이동통신사들이 정식 상업개통(11월 1일, 고객 서비스 시작)을 선언했다.

첫 번째 개통 도시는 베이징, 톈진, 상하이 등 주요 50개 도시였다. 31개 성회(성 및 자치구 수도)는 물론 칭다오, 다롄, 닝보, 우시, 쑤저우 등 주요 상업도시와 부성급 도시들이 포함되었다. 개통 당시 월 요금제 시작가는 129위안으로 최고가는 599위안에 달했다. 당시 4G 월요금제가 138위안과 588위안 이었던 것을 감안하면 가격대비 데이터 사용면에서 우월한 가격 경쟁력을 가지고 있었다고 할 수 있다.

한편, 중국의 5G 이동통신 이용자 상황은 세계에서 가장 빠르게 증가하고 있다.

---

5) 중국의 5G+ 산업 인터넷 확산과 시점, 대외경제정책연구원, 2021

2021년 4월말 기준, 중국의 5G 이동통신 사용자 수는 4억 2,163만 명을 기록했으며, 3월 말 기준 5G 기지국은 81.9만개가 건설되었다. 이는 세계 전체 기지국의 70%에 해당하는 수준이다.

2020년 말 기준으로 중국이동(1.65억명)과 중국전신(8,650만명), 중국연통(3,580만명)의 5G 사용자는 총 2억 8,730만 명을 기록했으며, 이들 세 회사의 전체 이동통신 이용자 대비 5G의 점유비는 중국이동 17.5%, 중국연통 11.7%, 중국전산이 24.6%를 보였다. 이후 4개월이 지난 2021년 4월말 기준 성장세를 살펴보면, 전체 5G 이용자는 2020년 말 대비 46.8%나 증가한 4억 2,163만 명을 기록했으며, 전체 이동통신 이용자 중 5G 비중은 2020년 말 18%에서 2021년 4월 말 26.2%로 8.2% 증가했다.

2020년 3대 이동통신사의 투자 규모를 보면, 3,348억 위안으로 2019년 대비 11.6% 증가했는데, 이 중 5G 투자가 53.9%를 점유했다. 이는 2019년 5G 투자액 412억 위안보다 4.4배 증가한 규모다.

		중국이동	중국연통	중국전신	합계
2020년 말	총이용자(만명)	94,200	30,580	35,100	159,880
	4G이용자(만명)	77,500	27,000	26,450	130,950
	5G이용자(만명)	16,500	3,580	8,650	28,730
	5G점유비	17.5%	11.7%	24.6%	18%
2021년 4월	총이용자(만명)	94,175.9	30,947.8	35,782	160,905.7
	4G이용자(만명)	79,084.1	21,091.3	24,005	124,180.4
	5G이용자(만명)	20,529.9	9,856.5	11,777	42,163.4
	5G점유비	21.8%	31.8%	33%	26.2%

[표 4] 중국의 5G 이동통신 이용자 현황

중국 정부는 2013년 5G 사용화 및 기술 표준 개발을 위한 'IMT-2020 프로젝트'를 시작하면서 5G 산업 육성 준비에 착수했다. 2013년 조성된 추진조에는 공신부, 국가발전개혁위원회, 과학기술부 등의 3개 부처와 3대 이동통신사, 화웨이, 다탕, ZTE 등 통신장비 기업들이 참여했다. 또한 중국정보통신연구원(CAICT)과 국가무선모니터링·테스트센터 등 연구기관, 퀄컴·노키아·삼성 등 외자기업도 공동연구에 참여하고 있다. 이중 CAICT는 공신부의 싱크탱크로 통신업의 연구개발과 인증사업을 담당하며, 사이버보안 법 제정에도 기술 및 법적 자문을 제공하고 있다.

  추진조 산하에는 응용산업·주파수·C-V2X(차량-사물 간 통신) 등 5G 관련 각 분야의 연구개발을 위한 워킹그룹이 조성되어 있으며, 이 그룹에서 개발·제시한 5G 주요 성능지표 중 일부가 ITU(국제전기통신연합)에 채택되는 등 관련 연구가 활발히 진행되고 있다. 실제 2020년 11월 확정된 5G 국제표준 채택 결과를 보면, 중국의 5G 신기술(NR, New Radio)과 협대역 사물인터넷 기술(NB-IoT: narrow band-Internet of Things)이 5G RIT(기준 LTE 기술)와 5G SRIT(복합무선접속기술) 기술 표준에 채택된 바 있다.

  중앙정부는 2015년부터 5G 기술을 국가중점 과학발전 목표 중 하나로 설정하였으며, 대표적인 정책으로 '중국제조 2025'를 통해 초고속 인터넷 및 5G 기술을 발전시키고 연구개발을 확대하겠다고 명시했다. 이러한 방향은 2016년부터 시작된 중국의 13차 5개년 규획에 반영되었다.

  2016년에 발표된 '13·5 국가 전략형 신흥산업 발전규획'은 5G를 전략형 신흥산업으로 포함시켜 5G 합동 연구개발, 시험 및 상용 시범을 대대적으로 추진할 것을 명시했다. 또한, 2016년에 공포된 '차세대 정보기술산업규획 2016-2020'에서는 2020년까지 5G 네트워크 측정 및 응용 테스트를 완료하고 상용화를 이루기로 하였다. 또한, 5G 기술 개발 시간표를 설정하여 2020년까지 국제 표준 및 산업에서 선도적인 역할을 하는 것이 목표로 설정되었습니다.

  이러한 정책의 일환으로 2016년 12월 15일에 국무원이 공포한 '13·5 국가정보화규획'에서도 5G 개발목표가 제시되었다. 이 규획은 13·5 기간에 네트워크 강국을 건설하기 위한 방향과 목표를 제시하였다.

  2021년 3월 13일에 공포된 '14·5 규획 강요'에서는 디지털 경제 신우세를 강조하며, 5G를 기반으로 하는 7대 중점산업 중 하나로 '5G 공업인터넷'을 명시하여 5G 기술의 중요성을 확인할 수 있었다.

2) 미국[6]

5G 초기, 미국은 한국과 경쟁하며 5G 조기 도입에 열을 올렸지만 이후 2년의 성과는 썩 좋지 않은 편이다. 시장조사업체 인사이더 인텔리전스에 따르면 2020년 12월 기준 미국 5G 모바일 서비스 가입자 수는 약 1580만명으로 추산된다. 미국 인구(약 3억3200만명) 대비 보급률 면에선 초라한 수치다.

전세계 기술 패권을 쥔 미국이 5G 보급이 원활하지 않은 이유는 잘못된 주파수 선택 때문이다. 미국은 5G 첫 상용화 당시 버라이즌과 AT&T 등 주요 이동통신사에 24~28기가헤르츠(GHz) 초고대역 주파수를 할당했다. 5G는 주파수가 높은 대역일수록 빠른 속도를 구현할 수 있다. 국내 이통사들이 5G 도입 초기 가열차게 홍보했던 'LTE보다 20배 빠른 5G'도 28GHz 전후 대역에서나 실현 가능한 이론상의 속도다.

사업자	28GHz 대역		24GHz 대역	
	할당 면허 수	낙찰가	할당 면허 수	낙찰가
AT&T	-	-	831개	9억 8,246만 달러
T모바일	865개	3,928만 달러 (약 442억 원)	1,346개	8억 321만 달러 (약 9,053억 원)
버라이즌	1,066개	5억 573만 달러 (약 5,700억 원)	9개	1,525만 달러 (약 172억 원)

[표 5] 미국 5G 주파수 경매 결과

문제는 초고주파 대역이 낮은 회절성(diffraction)을 띄고 있다는 점이다. 회절성이란 파장형태를 띄고있는 전파가 사물에 부딪혔을 때 확산하는 성질이다. 회절성이 높다면 사물에 가려진 부분까지 전파가 닿을 수 있다. 하지만 회절성이 낮다면 사물에 막혀 전파가 닿지 않는 곳이 많아 진다. 초고주파 대역에서 안정적인 통신 품질을 유지하려면 기지국을 상대적으로 더 촘촘히 설치해야 하는데, 이는 망 구축 비용의 증가 및 서비스 지역 확대가 늦어지는 문제의 원인이 된다. 국회 과학기술정보통신위원회 소속 박성중 국민의힘 의원이 지난 2월 전체회의에서 공개한 내용에 따르면 28GHz 대역 5G 구축 비용은 3.5GHz 대역보다 최대 8배 이상 필요할 정도로 격차가 크다.

이 때문에 최근 국내외를 막론하고 28GHz 주파수의 활용처는 주로 기업용으로 모

---

6) [5G 2년②]한국 5G, 미워도 선도국가…미·중·유럽 현황은?, 블로터, 2021.04.02

색되고 있는 실정이다. 현재 전세계 소비자용 5G 주파수는 'Sub-6(서브식스)'라 부르는 6GHz 이하 대역이 주로 사용되고 있다. 한국의 주력 5G 주파수 대역도 3.5GHz다.

미국은 2020년 하반기 뒤늦게 서브식스 대역 5G 주파수 경매에 나섰다. 미국 내 5G 투자는 3.5GHz, 3.7GHz 주파수 할당이 완료되는 2021년 부터 정상 궤도에 오를 것으로 예측된다. 미국 시장 조사기관인 인사이더 인텔리전스도 2024년까지 총 2억 2230만명의 미국인이 5G 이동통신에 가입할 것으로 전망했다.

최근 중대역 주파수를 이용한 T모바일에서 평균 5G 속도가 크게 증가하는 모습이 발견됐다. T모바일의 평균 5G 다운로드 속도는 2021년 4월 71.3Mbps(이전 측정값 대비 22.6% 증가), 7월 87.5Mbps(22.8% 증가)로 뛰어오른 데 이어 2021년 10월 조사에서는 118.7Mbps를 기록해 7월 대비 35.6% 개선된 속도를 보였다.

미국 통신사 버라이즌과 AT&T의 속도는 제자리걸음이었다. 2021년 7월 조사에서 두 통신사의 평균 5G 다운로드 속도는 모두 52.3Mpbs를 기록해 공동 2위에 올랐다. 이후 2021년 10월 조사에서 버라이즌은 평균 5G 다운로드 속도가 3.7Mpbs 증가해 56Mpbs로 2위를 차지하고, AT&T는 0.8Mpbs 감소했다. AT&T의 성적은 3위로 내려갔다. 두 회사 모두 약간의 차이는 있었지만 큰 변화를 보이지 않았다.

5G 속도 측면에서 T모바일의 이 같은 질주는 중대역 주파수인 2.5GHz 대역 주파수 활용에서 나온 것이다. T모바일은 4위 사업자인 스프린트를 인수·합병(M&A)해 2.5GHz 중대역 주파수를 확보했다. 이를 토대로 5G 품질을 크게 개선했다. 반면 버라이즌은 5G 도입 당시 28GHz 주파수를 활용해 기지국 설치에 나섰다. 초반에는 매우 빠른 속도를 기록했으나, 한때 속도가 10분의1 이하로 떨어지는 굴욕을 겪기도 했다. 글로벌 통신시장 조사기관 우클라(Ookla) 조사 결과에 따르면 버라이즌은 지난해 3분기 5G 다운로드 속도 792.5Mbps를 기록했으나, 4분기 67.07Mbps까지 급격히 하락했다.

결국 서브6(6GHz 이하) 대역을 확보한 회사는 5G 보급에서 앞서나가고 있지만 24GHz 이상 초고주파 대역 주파수를 확보한 회사들은 원활한 5G시스템 확보에 어려움을 겪고 중대역 주파수로 선회하는 모습이다. 5G 망 구축에 난항을 겪던 버라이즌은 결국 2021년 2월 중대역 주파수인 C-밴드(3.7~3.98Ghz) 주파수 경매에서 455억 달러(약 54조원)라는 막대한 금액을 들여 주파수를 확보한 뒤 5G 네트워크 투자를 확대하고 있다.[7]

---

7) [글로벌 5G] 질주하는 美 T모바일…뒤쫓는 버라이즌·AT&T, 아주경제, 2021.10.20

3) 일본[8][9]

일본은 2019년 4월 3.6~4.1GHz 대역에서 500MHz폭, 4.5~4.6GHz 대역에서 100MHz폭, 27.0~28.2GHz 대역에서 1,200MHz폭, 그리고 29.1~29.5GHz 대역에서서 400MHz폭 주파수를 할당했다.

일본 정부는 2018년 중순까지 일본 5G 기술 정의를 마쳤고, 2019년 4월에 주파수 대역을 할당 완료했다.[10] 일본 1위 이동통신기업인 NTT DOCOMO는 정부의 의도에 맞게 2020년 도쿄 올림픽 및 패럴림픽을 기점으로 5G 상용화를 달성했으며, 그외 KDDI, 소프트뱅크, 라쿠텐 모바일 등 이동 통신사업자들도 뒤이어 상용화를 달성했다.

일본은 비교적 빠르게 5G 특화망에 뛰어들어 중대역과 고대역을 중심으로 5G 특화망을 추진하고 있다. 일본은 2019년 12월 100메가헤르츠(MHz) 폭인 28.2G~28.3GHz 대역에서 5G 특화망을 위한 기술 조건 등을 살핀 후 2020년 12월 주파수 폭을 다양화해 분배에 나섰다. 중대역인 4.6G~4.9GHz와 고대역인 28.3G~29.1GHz에서 NTT도코모와 라쿠텐 모바일, KDDI, 소프트뱅크 등 일본 주요 이동사가 각각 대역폭을 할당받았다

일본 총무성(MIC)은 2021년 6월 새로운 5G 특화망 시범 서비스를 시작했다. 현재 도쿄와 오사카, 홋카이도 등의 지역에서 5G 특화망 활용을 내다본다. 스마트팩토리와 케이블TV 영역 확대, 농업과 e-스포츠 분야의 스마트 환경 조성, 대학교 교육 시스템 개선 등 사업 분야도 다양하다. 공기관과 관련 단체 등 민·관이 모여 5G 특화망 증진을 위한 위원회도 신설했다.[11]

---

8) 5G가 만들 새로운 세상, DNA 플러스 2019, 한국정보화진흥원
9) 글로벌 경쟁이 본격화하는 5G, 김지환, 정보통신정책연구원, 2019.05.29
10) 정보통신정책연구원
11) 일본·독일 사례로 디지털뉴딜 과제 5G 특화망 살펴보니, IT조선, 2021.07.23

4) 유럽

유럽의 5G 도입은 북미, 아시아태평양 지역보다 크게 더딘 편이다. 2020년까지 영국을 포함한 24개 유럽 국가에 5G 상용 서비스가 시작된 상태이며 상당수 유럽 국가에서 2020년 2분기 이후에야 본격적인 5G 상용화가 이뤄졌다.

유럽 지역의 5G 활성화가 더딘 이유는 주파수와 관계가 있다. 다만, 유럽은 미국과 달리 할당 시기를 놓친 것이 문제다. 2020년 코로나19 확산으로 비대면 온라인 콘텐츠 트래픽이 증가했고, 이로 인한 기존 망 안정성 유지가 우선시되면서 유럽 국가 내 5G 주파수 할당 시기가 늦춰졌다.

50인의 유럽 산업계 지도자로 구성된 유럽 라운드테이블(ERT)은 2020년 9월 성명을 내고 유럽의 5G망 구축 속도는 놀라울 정도로 느린 편이라며 현시점에서 한국, 미국, 중국과의 격차를 좁히는 것이 늦진 않았지만 간극 해소를 위한 조치가 시급한 상황이라고 지적했다.

유럽에서 그나마 5G 도입에 적극적인 나라는 독일이다. 독일은 한·미보다 3개월 늦은 2019년 7월 5G 상용 서비스를 개시했다. 독일 내 1위 이통사인 도이체텔레콤은 2020년 7월 독일 인구(약 8000만명) 절반에게 5G 서비스를 제공할 수 있는 망을 구축했다고 발표했으며 2.1GHz 대역은 인구밀도가 낮은 도시에서, 3.6GHz 대역은 대도시를 중심으로 활용하고 있다. 기타 유럽 국가들 역시 주력 5G 주파수로 서브식스 대역을 활용한다. 일부 국가에서는 중국처럼 700MHz 대역을 활용하는 방안도 논의되고 있다.[12]

프랑스는 2018년 7월, 5G 확대 로드맵을 발표한 바 있으며 2021년부터 서비스 상용화가 본격화되는 양상이다. 현재 보르도, 리옹, 그르노블, 니스, 툴루즈, 몽펠리에 등 대도시를 중심으로 프랑스 전역의 1만여 개 권역에서 5G 서비스가 제공되고 있고 프랑스 정부는 2030년까지 전 국토에서 5G 서비스 제공을 목표로 하고 있다.

현재 프랑스의 대표적인 통신사 Orange, SFR, Bouygues, Free 모두 공격적으로 5G 서비스에 투자하고 있다. 특히 프랑스 최대 통신회사인 Orange는 다른 유럽 국가에서도 5G 서비스를 제공 중이거나 준비 중이다. 벨기에에서는 Proximus와 합작법인(JV)을 설립했고 스페인에서는 5G 주파수를 할당받았으며, 폴란드(Orange Polska S.A.)에서는 노키아와 함께 5G 서비스 개시를 준비 중이다. 또한, 슬로바키아(Orange Slovakia)에서는 2021년 4월 5G 서비스 개시를 예고했으며, 루마니아(Orange Romania)에서는 최초 일정 2020년 1분기보다 더 빠른 2019년 11월 5G 서비스를 개시(B2B)해 최대 다운로드 1.2Gbps, 평균 다운로드 600Mbps의 5G 서비스를 제공하고 있다.[13]

---

12) [5G 2년②]한국 5G, 미워도 선도국가…미·중·유럽 현황은?, 블로터, 2021.04.02
13) 프랑스 5G 통신산업 현황과 전망, KOTRA, 2021.03.15

나. 산업별 5G 파급 효과[14)

1) 스마트폰 단말기

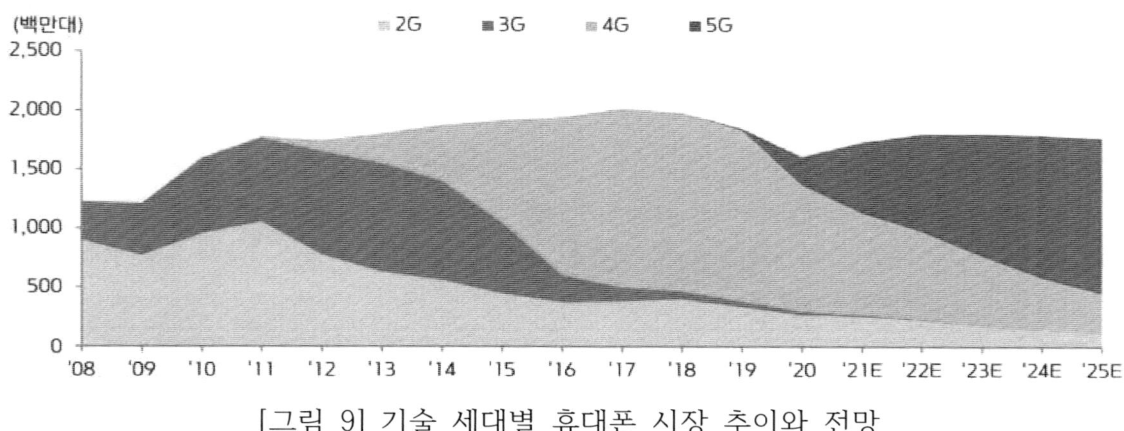

[그림 9] 기술 세대별 휴대폰 시장 추이와 전망

Sub 6 기반 5G는 과거 기술 세대보다 빠르게 확산 중 에 있지만, 밀리미터파 (mmWave)의 보급이 지연되고 있다. 글로벌 리서치 회사 Counterpoint에 따르면, 5G폰은 2021년 6.0억대, 2022년 8.3억대로서 스마트폰 시장에서 각각 42%, 55%를 차지할 전망이다. 코로나 재확산과 함께 스마트폰 수요 전망치가 하향되는 과정에서 도 5G폰 전망치는 상향되고 있는 점을 주목해야 한다.

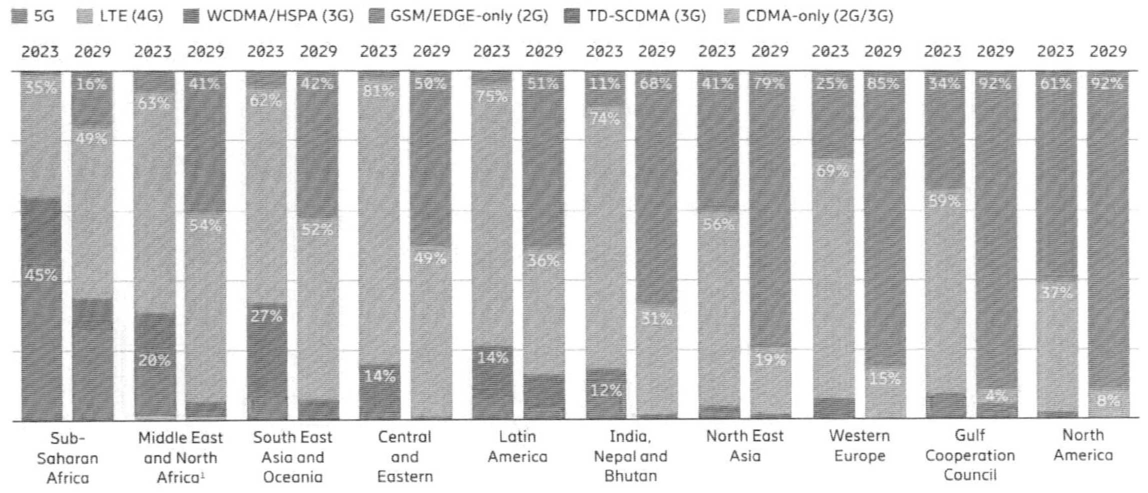

[그림 10] 지역 및 기술별 모바일 가입률(%)

스마트폰의 보급은 매년 대부분의 선진국에서 증가해 왔다. 그 중에서도 5G를 사 용하는 스마트폰 단말기의 보급은 2023년을 기준으로 북미, 동북아시아, 서유럽 지역

---

14) 스마트폰, 5G 동향 보고서, 키움증권, 2021.07.22

에서 가장 두드러 졌다. 2029년까지 5G의 보급률은 대부분의 지역에서 40%를 넘을 것으로 전망된다.

북미 지역에서는 2023년 5G 가입이 계속해서 증가하며 연말까지 2억 6천만 건의 가입이 예상되고, FWA 기술을 통한 고속 인터넷 제공이 여전히 주목받는 추세다. 2029년까지 약 4억 3천만 건의 5G 가입이 예측되며, 모바일 가입의 92%를 차지할 것으로 전망된다.

서유럽에서는 2022년 6천 7백만 건에서 2023년 말 1억 3천 9백만 건으로 5G 가입이 크게 증가했다. 5G 보급률은 해당 지역의 25%를 차지하지만 국가마다 다르며, 2029년 말에는 약 4억 8천만 건에 달할 것으로 예상되고, 이는 예측 시점 보급률의 85%를 나타낸다.

동북아시아 지역에서는 2023년 5G 가입이 계속해서 증가하여 한 해 동안 약 2억 4천 4백만 건의 가입이 추가되어 총 8억 9천만 건에 이르렀다. 2029년 말까지 5G 가입 건수는 18억 건에 달할 것으로 예상되며, 5G 기기 모델의 다양성과 함께 빠른 가입 증가가 통신사의 재무 성과에 긍정적인 영향을 미치고 있다.

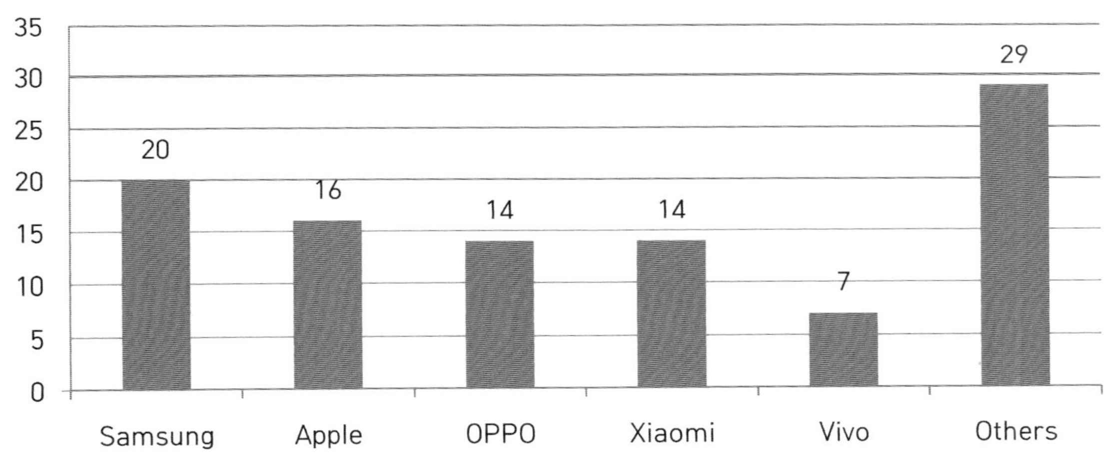

[그림 11] 제조사별 2025년 5G 스마트폰 점유율 전망(%)

글로벌 스마트폰 시장은 2023년 3분기에 2억 9,980만 대의 출하량을 기록하였다. 이 가운데 삼성전자는 성장률이 분기마다 10% 증가하며 스마트폰 점유율 1위를 고수하고 있다. 점유율 성장이 가장 두드러진 회사는 샤오미로 2023년 3분기에 4,150만 대의 출하량을 기록하며 Top 5 스마트폰 브랜드에서 가장 가파르게 성장했다. 2025년에는 다른 Top 3 스마트폰 브랜드로 성장할것으로 전망하고 있다.

2) 반도체[15]

세계 경제는 2020년에는 코로나19 영향으로 역성장했으나 2021년부터 코로나19 백신 보급, 경기부양책 등으로 인해 성장세로 전환될 전망이다. 또한, 데이터 경제로의 전환 가속화, 인공지능(AI) 활용 확대 등으로 생산, 유통, 소비의 전부문에 걸쳐 Smart화 및 비대면화가 확산되고 있다.

반도체의 기술의 발전은 5G의 통신망 구축과 보급에 핵심적인 역할을 하고 있다. 그에 따라 이전 세대보다 빠른 5G를 보급하려 할수록 반도체 산업 시장 역시 활성화가 되고 기술의 발전이 탄력받을 것이다. 2025년 이후에는 전기차 보급 확대, 5G 통신망 구축에 따른 관련 산업 성장 등으로 반도체 수요처 다변화 가속화가 예상된다. 전기차는 내연기관차보다 반도체 탑재량이 많고 자율주행기능 탑재비중이 높아 반도체산업의 중장기 성장동력으로 예상된다. 5G망 구축은 스마트시티 등 다수 혁신기술의 촉매재가 되며, 5G 확산으로 대용량 데이터 처리를 위해 메모리반도체, AI 반도체, 전력관리반도체 등이 성장할 전망이다. AI가 생성하는 데이터는 2017년 80EB(엑사바이트, 1018)에서 2025년 845EB로 10배 이상 증가할 전망이다.

가) D램

스마트폰 수요 회복, 5G폰 비중 확대, 인텔의 신규 서버용 CPU 출시 등으로 2024년 D램 수요는 견조할 전망이다. 5G 스마트폰의 보급이 늘어나면서 D램의 수요역시 현재 성장세를 보이고 있다. 5G 스마트폰은 대게 8GB에서 16GB 사이의 D램을 사용하고 있다. 이는 4G세대의 스마트폰의 평균 램용량 4GB에 비해 2~4배 가량 높은 용량이다. D램 시장도 이에 발맞추어 ddr4에서 ddr5로의 변화와 미세공정 시스템을 구축하는 등 다가오는 5G 시대에 대비하는 모습이다.

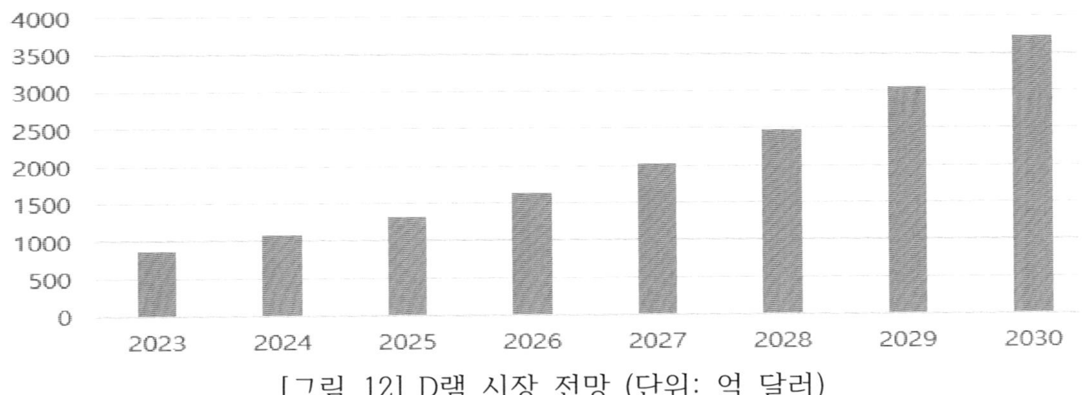

[그림 12] D램 시장 전망 (단위: 억 달러)

---

15) 반도체산업 중장기 전망, 이슈보고서, 한국수출입은행, 2021.04

D램 가격은 수요증가, 공급능력 제약 등으로 상승하나 2021~2022년 가격상승률은 지난 슈퍼사이클 대비 낮을 가능성이 있다. D램 가격은 2020년말 서버 수요기업과 반도체 생산기업의 반도체 재고 감소, 2020년 12월에 발생한 마이크론의 대만 팹 정전사고 등으로 2021년 1월부터 상승하고 있다. 2017~2018년 슈퍼사이클을 견인한 서버 수요가 2021~2022년 D램 수요 성장을 주도하나, 환경변화로 과거대비 D램 가격 상승률은 낮을 가능성이 있다.

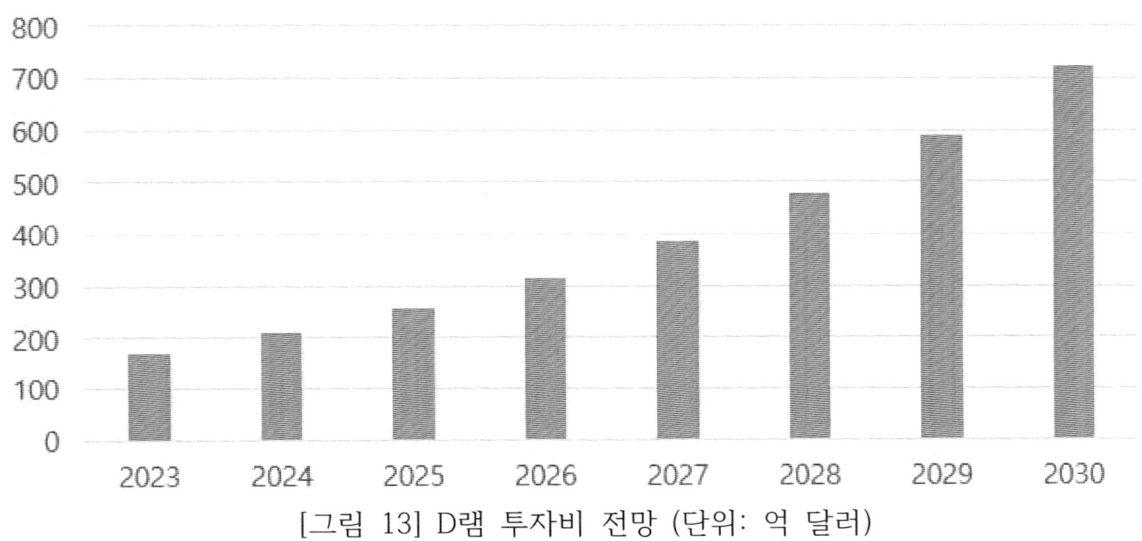

[그림 13] D램 투자비 전망 (단위: 억 달러)

나) 낸드플래시

낸드플래시 시장은 2022년 800억 달러에서 2023년 880억 달러로 연평균 10% 성장을 해왔다. 2024~2025년 낸드플래시 수요는 스마트폰 수요 회복, SSD 수요증가 등으로 견조할 전망이다. 2023년 낸드플래시의 주 수요처는 휴대폰 37%, PC SSD 28%, 서버용 SSD 18% 순으로 휴대폰과 SSD가 낸드플래시 수요의 84%를 창출한다.

낸드플래시는 5~6개 기업이 시장점유율 경쟁중으로 투자 확대가 예상된다. SK하이닉스는 인텔 낸드플래시 사업부 인수로 2위 사업자로 도약할 것으로 예상되며, 인수대금 지급 등으로 중장기적으로는 보수적인 낸드플래시 투자가 예상된다.

낸드플래시는 D램 대비 가격 상승 비율이 약하며, M&A 등으로 인한 산업구조 재편, 중국기업의 생산량 확대 등에 영향을 받을 전망이다. 낸드플래시 가격은 2023년 하반기부터 전년동기 대비 상승세로 전환되나 투자 확대 등으로 가격 상승은 제한적

일 가능성이 있다. 낸드플래시 가격은 2023년 7월부터 하락세로 전환되었다.

　낸드플래시는 주요 기업의 생산능력 확대 등으로 가격 상승 비율이 D램 대비 낮다. 낸드플래시는 D램 대비 가격 탄력성이 높아 가격하락시 수요증가로 시장규모는 성장세를 유지할 것으로 예상된다.
　낸드플래시 시장은 장기적으로 D램처럼 3강 구도로 재편될 것으로 예상되나 중국의 생산능력 확대 등은 가격상승을 제한할 전망이다.

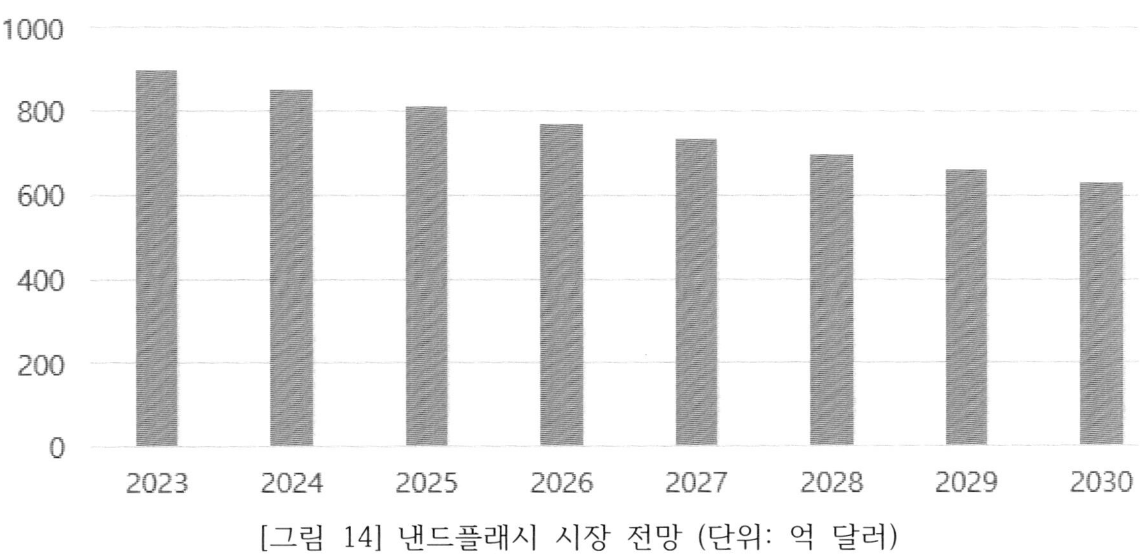

[그림 14] 낸드플래시 시장 전망 (단위: 억 달러)

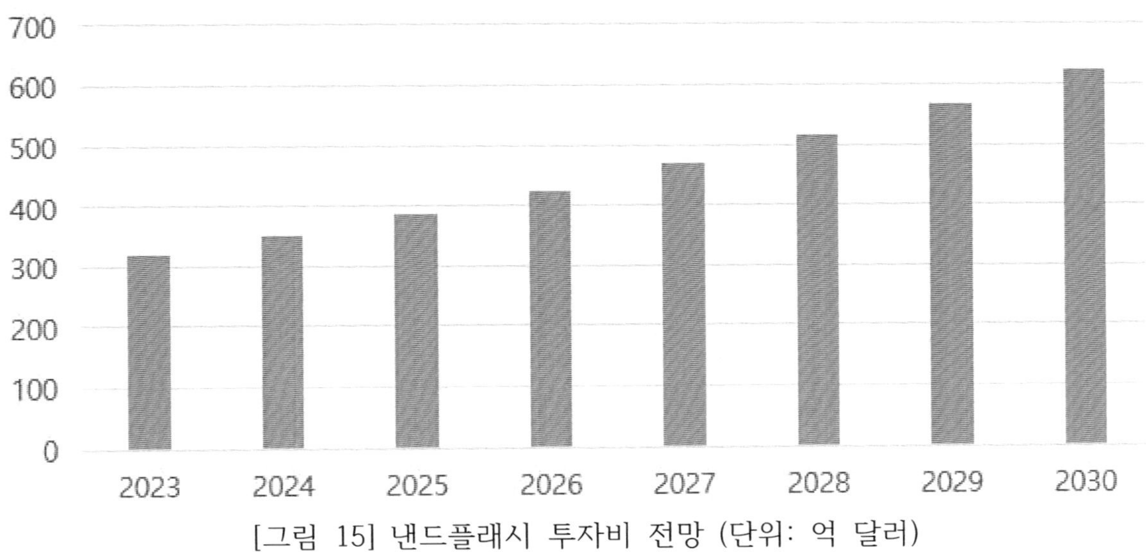

[그림 15] 낸드플래시 투자비 전망 (단위: 억 달러)

다) 시스템반도체

시스템반도체 시장규모는 2023년 3,041억 달러에서 2025년 3,321억 달러로 연평균 4.5% 성장할 전망이다. 시스템반도체는 산업특성상 오랜기간 성장세를 지속하는 슈퍼사이클이 발생하기 어렵다. 시스템반도체는 8천여종의 제품과 다변화된 수요산업, 반도체 위탁생산 확대 등으로 메모리반도체와 달리 가격 및 투자 변동성이 낮다.

시스템반도체는 종합반도체기업의 자체 생산과 반도체 설계전문 팹리스의 반도체 위탁생산을 통해 생산된다. 시스템반도체는 다품종 주문형 생산, 설계·생산의 분업화, 전방산업 장기 수요 전망에 기반한 투자 등으로 메모리반도체 대비 가격 및 CAPEX(Capital expendituers) 변동성이 낮다. 시스템반도체는 기업별로 특정 전방산업(자동차 등)에 특화되어 전방산업별 수요 전망 등에 근거하여 팹 가동률, 위탁생산량 등을 조정한다.

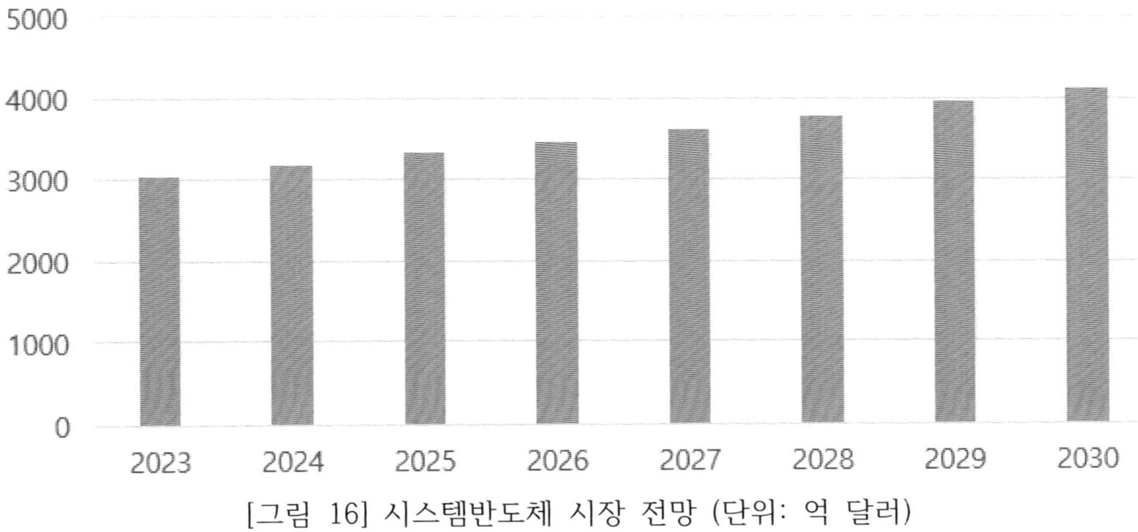

[그림 16] 시스템반도체 시장 전망 (단위: 억 달러)

라) 파운드리

  파운드리 시장은 시스템반도체의 위탁생산 확대 등으로 2023년 1014억 달러에서
2025년 1,182억 달러로 연평균 8% 이상 고성장이 전망된다. 파운드리 수요는 팹리스
의 성장, 반도체 수요기업의 자체 칩 개발, 종합반도체 기업의 반도체 위탁생산 확대
등으로 증가할 전망이다.

  파운드리 고객사 중 팹리스 비중은 87%이며, 2020년 상위 10개 팹리스의 매출은
전년대비 26.4% 성장하며 파운드리 수요를 견인했다. 다수 종합반도체 기업이 설비
투자 부담 등으로 Fab(공장)-light 전략을 취하면서 파운드리 시장이 성장하고 있다.

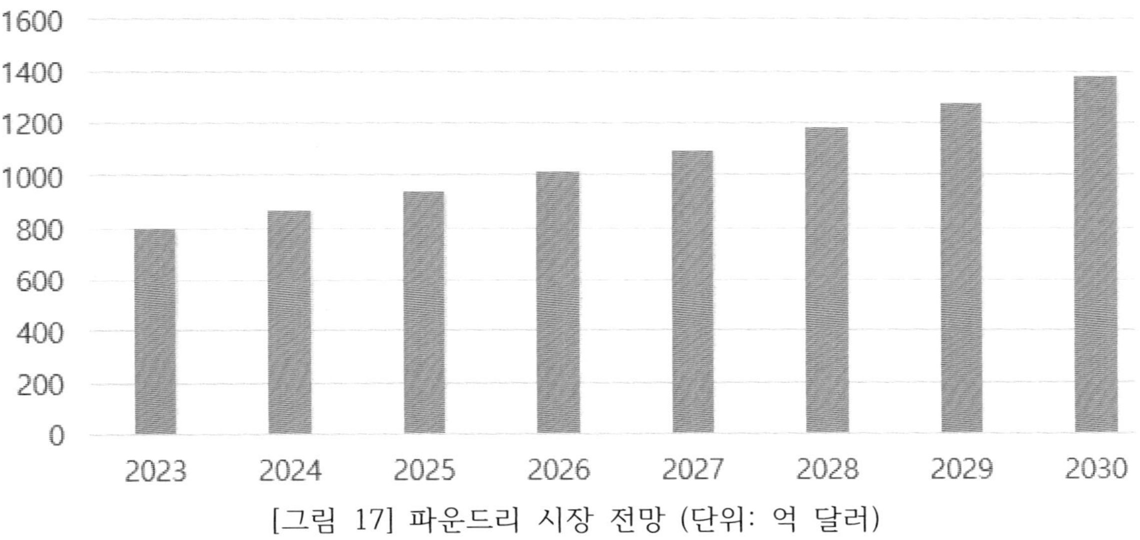

[그림 17] 파운드리 시장 전망 (단위: 억 달러)

  파운드리 수요는 증가하나 파운드리 시장은 TSMC와 삼성전자 중심으로 재편될 예
정이다. 2023년 파운드리 시장점유율은 TSMC 54%, 삼성전자 17%, 글로벌 파운드
리·UMC 각 7%, SMIC 5% 순이며 7나노 이하 제품을 생산하는 기업은 TSMC와 삼
성전자 뿐이다.

3) 디스플레이[16)17)]

　5G 기술은 4K, 8K, AR, VR 등 실감형 멀티미디어 콘텐츠 구현을 가능하게 만든다. 우선 TV 관점에서 볼때 4K를 넘어 8K가 도쿄 올림픽을 기점으로 확대될 것으로 보인다. 또한 5G 시대를 맞이하여 퍼블릭 디스플레이 시장도 대형 사이니지 중심으로 성장할 것으로 기대된다. 그리고 장기적으로는 빌딩 유리 자체도 사이니지의 영역으로 확대 적용될 수도 있다.

　5G 통신은 기존 4G(LTE) 대비 20배의 전송속도를 제공하여 이용자 체감 전송속도는 10배 이상이며, 전송지연(레이턴시)은 1/10 수준으로 단축했다. 초당 20Gbps의 전송능력은 8K급 다면 영상부터 홀로그램, AR(증강현실)/VR(가상현실) 등의 사실감 높은 초고화질 서비스를 실현가능케 한다.

　특히, 8K(7680x4320) 영상은 4K(3840x2160) 영상에 비해 데이터 트래픽이 4배 증가하며 다면 영상의 경우 스크린의 숫자에 비례하여 지속적으로 데이터 트래픽이 증가한다. 하지만, 5G는 엣지클라우드 컴퓨팅을 통해 1ms 이하의 초저지연을 구현했기 때문에, 실시간 인터렉션 구현이 가능하다.

　또한, 데이터 전송속도의 제한으로 인해 저화질(1k급)로 서비스되었던 360°VR 콘텐츠도 4k급 이상의 화질로 장소의 제약없이 자유롭게 이용이 가능하며, 그동안 전송속도 제한과 처리속도의 한계로 시도되지 못했던 일상생활 속에서 삶의 방식을 크게 향상시킬 킬러 콘텐츠의 제작이 가능해졌다.

　이처럼 여러 산업분야에서 5G를 새로운 비즈니스 기회로 주목하고 있으며 이를 활용한 교육, 쇼핑, 여행, 게임, 공연 등 실생활 밀접 분야에서 삶의 방식을 향상시킬 것으로 예상된다.

　유튜브, 넷플릭스 등 글로벌 OTT들은 서비스 차별화를 위해 영상 콘텐츠의 몰입감을 제공하는 VR 전문 채널을 개설하는 등 VR 서비스를 확대하고 있다.

---

16) 5G 시대의 실감미디어 콘텐츠 유통환경 및 제작기술 변화, 정보통신산업진흥원, 2019.08
17) 폴더블폰: 세상을 펼치다. 대신증권

현재 Netflix를 비롯한 Apple TV, Hulu, Amazone 등의 해외사업자들은 다양한 형태의 VR 앱과 채널을 서비스하고 있으며, 또한, 상호작용을 극대화하여 이용자의 선택에 따라 내용의 진행과 결말이 달라지는 VR 인터랙티브(Interactive) 드라마 등의 콘텐츠가 등장하고 있다.

최근 유튜브, 페이스북이 주요 프로스포츠 중계권을 확보하고 360 VR 방송을 서비스하는 등, 스포츠 중계가 모바일 기반 360 VR 전송으로 변화하고 있다. 유료 스포츠 채널인 ESPN의 OTT 서비스 'ESPN+' 역시 UFC 대회 독점 중계권 확보하고 런칭했으며 10개월 만에 가입자 200만을 확보하는 등 OTT 기반 스포츠 스트리밍 수요가 상당함을 입증했다.

또한, 아마존 등 글로벌 전자상거래 기업들도 막대한 빅데이터 기반의 온라인 AI 추천 서비스, VR 키오스크등의 새로운 SW기술을 적극 도입 중에 있다. 이러한 OTT의 플랫폼 유연성에 5G의 초고속, 저지연 기술이 더해져 VR 쇼핑 등 VR 커머스를 도입한 쇼핑산업 등에 실감형 서비스 등장이 예상된다.

가) 폴더블폰

폴더블폰이 다양한 산업과 시너지를 낼 수 있는 이유는 멀티 스크린과 통신기술 5G 덕분이다. 먼저, 폴더블폰으로 가능해진 멀티스크린/다각화된 화면은 소비자에게 보다 감각적인 콘텐츠 소비를 유도한다. 다음으로, 5G의 '초고속, 초저지연, 초연결' 3가지 통신 기술은 데이터를 초당 20Gbps의 속도로 지연 없이 여러 단말기에 전송할 수 있다. 이와 같은 5G 폴더블폰 특성과 시너지를 낼 수 있는 산업은 멀티스크린과 초고속, 초저지연에 따른 실시간 통신, 스마트 기기와의 연결로 나눠 볼 수 있다.

① 멀티 스크린에 더해진 초고속: 실감형 서비스

기존 스마트폰의 평면화면으로 고화질 영상을 즐기는 것은 소비자에게 큰 메리트를 주지 못했다. 이유는 평면형 디스플레이로 인한 체감도 부족 때문이다. 하지만, 이제는 폴더블폰의 멀티스크린 기능이 더해지며 소비자는 초고화질 영상을 더 감각적으로 즐길 수 있게 된다.

5G는 초고속으로 4K UHD(초고화질), 홀로그램, VR, AR과 같은 실감형 영상을 모바일에서 가능하게 한다. 5G가 더해진 폴더블폰은 기존 세대가 갖고 있던 영상 구현의 한계를 넘어설 수 있게 된다.

폴더블폰의 실감형 콘텐츠와 시너지를 낼 수 있는 산업은 엔터테인먼트, 미디어, 게임, 교육, 모바일 쇼핑이 대표적이다. 폴더블폰은 장소에 제한 받지 않고 홀로그램, VR 방식의 콘서트 현장의 리얼한 무대를 실시간으로 즐길 수 있고, 현실감 넘치는 실시간 게임을 이용할 수 있다.

단적으로 넷플릭스는 4K 동영상 스트리밍을 위해 25Mbps 이상의 대역폭을 추천한다. SKT는 5G 스마트폰 출시를 앞두고 스마트폰 화면을 대형 스크린처럼 볼 수 있는 5G MAX 콘텐츠, 아이돌/영화/스포츠 영상을 VR로 즐길 수 있는 경험을 공개했다. 국내 주요 게임업체인 넥슨, 엔씨소프트는 5G 폴더블폰 스펙에 맞춘 게임을 출시할 예정에 있다.

② 초저지연, 4G 대비 10배 단축된 네트워크 지연시간 : 실시간 및 초정밀 서비스

5G에서 네트워크 종단간의 지연속도는 기존 초(second) 단위에서 수(millisecond) 단위로 짧아진다. 이를 통해 속도의 문제를 넘어 신뢰도가 높아지고 유선네트워크에서도 구현에 한계가 있던 서비스가 5G 무선통신으로 인해 가능해질 전망이다.

그 결과, 안전과 정밀함이 필수인 자율주행차, 헬스케어(원격 진료 및 수술), 구조산업, 원격 로봇 제어와 같은 새로운 네트워크 생태계 기술 적용이 가능할 것으로 예

상된다. 대표적으로 Connected Car 서비스가 있고, 5G 초저지연을 활용한 영상인
식, 자율주행이 가능하며, 차량에서 가상현실과 3D 게임을 체험하는 인포테인먼트 서
비스가 실현될 수 있다.

③ 대량 연결기술, IOT의 리모컨 역할

향후 모든 사물들은 인공지능, 빅데이터를 통해 IOT시대로 연결된다. 5G의 초연결
성으로 가능하며 사물의 상태, 환경 정보를 수집하는 원격 모니터링, 원격 제어, 위치
추적 및 정보 교환 기술이 활발해 질 것이다.

5G 스마트폰은 스마트공장과, 스마트 시티, 스마트 하우스에서 원격 조절을 하는
리모컨 역할을 맡게 될 것이다.

폴더블폰(5G) 킬러 콘텐츠는 게임, 운송, 보안, 쇼핑 분야에서 급부상할 것이다. 이
는 5G 스마트폰으로 V2V(가상공간과 가상공간 연결), V2O(가성공간과 오프라인 연
결)가 가능하기 때문이다.

먼저, 기존 모바일 게임이 전용 어플 다운로드 전제 하에 가능했다면, 5G 통신에서
는 클라우드 게임의 가능으로 모바일 게임 가치가 업그레이드 된다. 클라우드 게임은
게임 소프트웨어를 서버에서 스트리밍으로 실시간 재생하는 것을 의미한다. 게임 데
이터를 기기가 아닌 클라우드 서버에 저장하기 때문에 모바일 접속으로 온라인 게임
처럼 즐길 수 있으며 다수의 유저가 동시 접속할 수도 있다. 대표적인 온라인 게임
스트리밍 플랫폼은 구글이 2019년 3월 발표한 스타디아가 있다.

또한 5G와 폴더블 디스플레이의 특성으로 360 Live 및 VR 콘텐츠 실감형 서비스
가 가능해, 다른 차원의 몰입감 높은 서비스가 가능해진다.

현재 안전/보안 분야의 경우 실시간 경보 알림이 문자 서비스로 전송되는 수준에
멈춰있다. 5G 단말기에서는 주요 거점의 CCTV와 스마트폰의 네트워크가 연결될 수
있어, 산업 재해 상황 발생 시 재해 현장 근거리에 위치한 사람들은 각자 스마트폰을
바탕으로 실시간 재난 전개방향과 최적의 대피 경로를 제공받을 수 있을 것이다.

마지막으로 운송업의 경우 4G 스마트폰의 위치 정보 서비스를 바탕으로 차량 공유,
택시 예약, 물류/배송등 신규시장이 만들어 졌다. 우버, 카카오/티맵 택시, 쏘카가 대
표적인 모바일 운송 서비스 브랜드이다. 5G 스마트폰에서는 운송과 레저의 융합으로
스마트 관광서비스를 기대할 수 있다. 이전 4세대 통신 스마트폰의 경우 데이터와 직
접적으로 연결된 서비스와가 주력이었다면, 5G 모바일에서는 자율주행과 관광, 보안
과 위치정보 등 기존 대비 폭넓은 생태계 조성이 가능해 질 것으로 기대된다.

4) 농축산업

5G는 IoT를 기반으로 농·축산 시설의 온도, 습도, 일조량, 이산화탄소량, 토양 등의 상태를 자동으로 측정, 분석 및 관리할 수 있게 해 준다. 농축산 분야에서 5G는 특히 정밀 농업과 스마트 그린하우스를 혁신시켜줄 것으로 예상된다.

정밀 농업은 더 적은 자원을 사용하고 생산 비용을 줄이면서 더 많은 작물을 기르는 방식이다. 그리고 스마트 그린하우스는 그린하우스라는 통제된 조건에서 식물을 키울 수 있는 벽과 지붕이 있는 구조물 하에서 최대한 높은 품질과 양의 농산물을 생산해 낼 수 있는 방식이다.

이들 영역은 5G로 연결된 IoT 환경이라면 모니터링과 제어를 자동화하여 생산성을 혁신적으로 향상시킬 수 있다. 뿐만 아니라 가축 및 양식 등에도 5G와 IoT의 적용과 활용으로 생산성을 높일 수 있다.

또한 가축 내부 또는 외부 환경을 모니터링하며 최적의 사육 환경을 제공함으로써 가축 출산율 증가 및 사망률 감소에 기여할 수 있다. 예를 들어 네덜란드 스타트업인 ‘Connecterra’는 소의 걷는 양을 측정하여 건강 상태 또는 배란기인지 확인할 수 있는 기술을 제공하고 있다. 또 ‘Moocall’이라는 아일랜드 기업은 소의 출산시 사망률이 높다는 점을 착안하여 소 꼬리의 움직임으로 가장 적합한 출산 시점을 농부에게 알리는 제품을 선보였다. 이러한 제품들도 더 많은 센서와 데이터 송수신이 가능한 5G 시대에는 더욱 더 혁신되고 확대되어 농축산물의 안정성 및 생산성을 극대화시켜 줄 것으로 기대된다.

농축산 관련 산업의 예로써 유럽 제 1의 트랙터 제조사인 존디어(John Deere)는 5G 시대를 대비하여 스스로 더 이상 트랙터를 만드는 제조사가 아닌 이동형 정보 가공 설비를 제조하는 기업이라 명명했다. 존디어의 기기는 GPS, 수확작물의 품질과 양을 측정할 수 있는 센서 등을 탑재하고 스스로 분석하고 동작할 수 있도록 할 것이라고 했다.

농업 분야에 5G 기술을 도입하기 위한 영국의 5G 농업기술 프로젝트 ‘5G 루럴퍼스트’(5G RuralFirst)는 농부들이 ‘연결된’(Connected) 소를 추적해 동물의 건강과 활동 습관에 대한 정보를 매일 업데이트 받을 수 있는 스마트폰 앱 ‘Me+Moo’를 출시했다. 18)

이 시스템은 영국 남서부 서머셋주에 있는 아그리-에피 센터(Agri-Epi Center)에

---

18) 5G가 바꿀 농업의 미래는, 홍석윤, econovil, 2019.04.02

서 소에 적용해 테스트를 하고 있는데, 영국 정부의 보조금을 일부 지원받고 있고 기술 회사인 시스코(Cisco)도 이 시스템을 지원하고 있다.

소들에게는 5G로 연결된 목걸이를 채워지며, 이 목걸이가 소들이 먹는 것에서부터 자는 방식에 이르기까지 모든 데이터를 앱을 통해 전송해 준다. 농부들은 그 정보를 즉시 볼 수 있고, 이상이 감지되면 수의사나 영양사에게 전달할 수 있다.

던컨 포브스 프로젝트 매니저는 "이 기술은 소들이 행복하고 건강하게 정상적으로 행동하며 평화로운 상태에 있다는 것을 알려줌으로써 농부들을 안심시켜 줄 뿐 아니라, 소들이 아프거나, 임신 중이거나, 검사를 받아야 할 경우 조기 경보를 보내주기도 한다"고 말했다.

전문가들은 대부분의 농장은 구석구석 모니터하기 어려울 만큼 넓기 때문에, 농업이 어느 산업보다도 원격 데이터 수집 기술의 혜택을 많이 받을 수 있는 분야라고 주장한다. 이 기술은 하루 중 언제 관개 시스템을 가동하는 것이 가장 좋은지, 가축들이 먹을 목초가 농장의 어느 구역에서 가장 많이 자라 있는지 등을 알려줌으로써 가축 관리를 편리하게 만들어 효율을 상승 시킨다.

한국농촌경제연구원이 농민 1073명을 대상으로 5G 활용 기술에 대한 관심도를 설문조사한 결과(복수응답) 농민들은 5G에 기반한 첨단기술 중 '농업용 드론(65.2%)'에 가장 많은 관심을 보였다. 농경연은 농업용 드론이 농약이나 비료 살포작업에서 노동력과 비용 절감효과가 큰 만큼 앞으로 농가의 드론서비스 이용은 점차 증가할 것으로 내다봤다. '병해충 및 잡초 예찰관리시스템(63.2%)' '농장 맞춤형 기상재해 조기경보시스템(49.4%)'도 높은 응답률을 기록했다. '폐쇄회로텔레비전(CCTV) 방범시스템(45.9%)' '스마트팜 및 스마트 빌리지(44.4%)' '과수 생육 품질관리시스템(38.5%)' '원격 의료시스템(36.8%)' 등이 뒤를 이었다.

영농형태별로 관심사는 조금씩 달랐다. 노지재배농가는 '농업용 드론', 시설재배농가는 '병해충 및 잡초 예찰관리시스템', 축산농가는 '축산관리 기술' 활용에 대한 관심이 가장 높았다. 또 'CCTV 방범시스템'은 모든 농가에서 높은 평가를 받았다. 이는 농촌의 사회안전망이 도시와 비교하면 상대적으로 취약하기 때문으로 풀이된다. 연령대별로 보면 '스마트팜 및 스마트 빌리지'는 젊은층에서는 높은 관심을 받았지만 60대 이상 고령농에게는 크게 주목받지 못했다. 반대로 '원격 의료시스템'은 젊은층보다는 60대 이상에서 선택비율이 높게 나타났다.

농업·농촌에 5G 기술이 전면적으로 도입된다면 농업생산성이 높아지고 농촌 정주여건도 크게 개선될 것으로 보인다. 농업·농촌에 적용할 수 있는 기술 중, 자율주행 트

랙터가 대표적이라고 할 수 있다. 자율주행 트랙터는 조작방식이 어렵지 않아 초보자도 기존의 숙련된 인력이 담당하던 작업량을 해결할 수 있고, 5G를 통한 연동기술을 적용하면 2대 이상의 트랙터를 동시에 작동시킬 수 있어 고령화가 진행되어 농촌의 생산가능 인구수가 줄어들어도 농촌의 노동생산성을 보존한다는 측면에서 주목받고 있다. 또 5G 기반 드론을 활용하면 이전보다 해상도 높은 데이터를 촬영·전송할 수 있어 작물 모니터링 정확도가 개선될 것으로 보인다.

농촌분야에서도 5G 기술을 통해 의료·교통·교육 등 정주여건이 열악한 농촌의 물리적 한계를 극복하고 생활수준을 크게 개선할 수 있다. 영상 분석기능이 탑재된 지능형 CCTV는 농촌지역의 방범환경을 개선하고 화재가 발생하면 조기에 탐지하는 역할을 할 수 있다. 또 원격진료가 도입되면 농촌주민들도 첨단 의료서비스를 제공받을 수 있다. 대중교통이 열악한 농촌에 자율주행차가 운행된다면 농촌주민의 이동권이 보장되고 고령운전자의 비중이 높은 농촌에서의 교통사고 위험도 줄일 수 있다.

하지만 농촌에 5G 기술이 정착하려면 상당한 시간이 필요할 것으로 보인다. 김용렬 농경연 연구위원은 "농촌지역에 5G 기술이 도입·정착하려면 인프라 구축을 위해 상당한 수준의 투자가 선행돼야 할 것으로 보인다"면서 "투자과정에서 지역의 수요를 충분히 고려하고 제도적 측면에서도 빈틈없는 준비가 이뤄져야 한다"고 강조했다.[19]

---

19) 5G 기술 도입 땐 농업 생산성 쑥쑥…농촌 정주여건도 크게 개선, 함규원, 농민신문, 2019.08.12

5) 자동차[20]

　5G 확대와 함께 이동을 원하는 수요와 이동 수단을 제공하는 공급 정보들이 더 쉽게 알게 되고 매칭할 수 있게 된다. 또 5G는 자동차와 같은 이동 수단의 활용성 및 주차에 있어 공간과 시간의 효율적 이용을 가능하게 해 준다. 뿐만 아니라 향후 5G, IoT, A.I. 및 이를 통한 기술 혁신을 통해 자동차는 점차 자율 주행 자동차로 진화할 것으로 예상된다. 우선은 이동에 대한 수요와 공급에 대한 정보 생성·교류가 확대될 것이므로 이동수단의 공유화 서비스, 최근 논의되는 스마트 모빌리티(Smart Mobility)가 확대될 것으로 보인다.

　예전까지의 택시는 이용자와 택시 기사가 최적으로 매칭되는 것이 아닌 우연에 의해 연결되어 운영되어 왔었다. 그 만큼 운에 따라 이동에 소요되는 총 시간과 에너지는 낭비될 확률이 높았다. 하지만 최근 들어 출시되고 있는 타다, 풀러스 등의 공유 서비스는 출발 위치와 목적지 관점에서 최적으로 이용자와 이동 수단 공급자를 매칭시키는 모습으로 진화될 것으로 보인다.

　자율 주행차 시대가 된다면 '자율 주행 공유 서비스'는 사회·경제적 관점에서 가장 연료소모가 적고, 가장 이동 시간과 거리가 최소화되며, 동시에 가장 많은 이동 총량을 가능하게 하는 등 이동 수단 가동률 및 공간 이용률 극대화를 가능하게 해 줄 것이다. 이미 시작된 스마트 모빌리티 뿐만 아니라 향후 자율 주행 공유 서비스가 확대되어 이동이라는 기능에만 집중할 수 있는 사회가 된다면 더 이상 차량을 소유할 필요가 없어진다. 즉, 이동하는 시점에 목적지에 맞는 최적의 수단이 제공되기 때문이다.

　하지만 자동차는 단순히 이동 기능 이상으로 소유자 자신의 정체성을 나타내는 자산이기도 하다. 그렇게 볼 때 대체적으로는 이동 기능에 집중하는 방향으로 진행되겠지만, 소유자의 자동차에 대한 가치에 따라 차량 공유화가 안착되는 시점이 더 오래 걸릴 수도 있다. 어쩌면 완전한 공유 환경은 도래하기 어려울 수도 있을 것이다.

　이러한 기술적 진화 방향과 인간의 욕망의 섞이는 가운데 자동차 제조사들은 전략을 수립할 것이고, 만약 이동 기능에 전반적인 추세가 된다면 이제 자동차 제조사들도 하드웨어 조립을 넘어선 변화를 준비해야 할 수도 있다. 이는 마치 PC제조사였던 IBM이 생존을 위해서 S/W와 서비스를 결합한 솔루션 제조사로 거듭나야 했던 것과 마찬가지 일 것이다.

---

20) 5G 도입 및 자율주행 현황, 홍승표, 김경훈, SK텔레콤, 2019.01

가) 자율주행 차량통신(V2X)[21]

V2X(Vehicle-to-everything) 기술은 현재 무선랜 기반의 DSRC기반 '웨이브'라는 표준과 5G셀룰러 네트워크 기반 C-V2X 서비스 표준을 중심으로 개발중이다. 웨이브 기반 서비스의 경우 이미 표준화가 완료되었고 높은 안정성을 확보하고 있긴 하지만, 서비스 영역, 이동성, 지연시간, 데이터 전송 속도 등 성능 및 안정성 측면에서 5G기반의 V2X가 훨씬 우수하기 때문에 향후 5G기반 차량통신 서비스에 대한 기대감이 큰 상황이다.

우리나라는 아직 차량 통신에 대한 표준을 정하지는 않았지만, 중국은 5G기반 V2X 서비스 개발에 이미 많은 투자를 하고 있다. 5G기반의 V2X 서비스는 5G 네트워크를 기반으로 차량 중심의 안전, 편의성, 인포테인먼트 등 다양하고 향상된 서비스를 제공한다. V2X 서비스 세부 시나리오는 차량 간 통신 (Vehicle-to-Vehicle; V2V), 차량 대 네트워크 통신(Vehicle-to-Network; V2N), 차량 대 교통인프라 통신 (Vehicle-to- (transport) -Infrastructure; V2I), 차량 대 보행자 통신 (Vehicle-to Pedestrian; V2P)를 포함한다.

구분	내용
V2N	네트워크에서 수집된 데이터를 바탕으로 실시간 교통 및 사고 상황 등에 대한 정보를 차량에 제공
V2V	차량 충돌 위험에 대한 경고 및 회피 유도
V2I	신호등 우선순위 및 시간 등에 대한 정보를 차량에 제공
V2P	보행자의 휴대폰 위치정보 등을 이용하여 차량과 보행자 에게 충돌 위험을 알려줌으로써 교통사고를 예방

[표 6] 5G기반 차량통신 구분

현재 5G기반 V2X의 주요 서비스 사용 예시로는 차량 군집 주행, 확장센서, 고도 주행, 원격 운전이 고려되고 있다. 최근 개발 사례로는 LG유플러스가 자율주행 레벨4 수준의 원격 자동주차를 세계 최초로 성공한 바 있다. 이러한 자율주행 기반의 서비스는 장애인, 고령자, 임산부 등 교통 약자들을 위한 서비스 등 공공 영역의 서비스로 활용 가능할 것으로 기대되고 있다.

---

21) 5G 기술·산업 현황 및 향후 비전, KPC4IR, KAIST, 2020

V2X 예상서비스	서비스 주요 내용
차량 군집 주행	고속도로에서 선두 차가 주행하는 것을 후속 차들은 그대로 따라서 주행하는 등 다수의 차량이 군집을 이루어 좁은 간격을 유지하며 주행을 가능하게 함. 이를 위해 군집 내부에 센서/주행 데이터 통신이 필요
확장 센서	실시간 영상 등의 센서 정보를 차량 간에 공유하여 다른 차량에 막혀 확인이 불가능한 구간 등의 정보를 파악할 수 있음. 대용량 데이터 전송을 높은 신뢰도와 낮은 지연으로 이루어야 함
고도 주행	완전 또는 반 자율 주행을 가능하게 하도록 높은 신뢰도, 낮은 지연의 차량 간 통신 기능이 지원되어야 함
원격 운전	V2X 통신망을 이용하여 멀리 떨어져 있는 곳에서 차량을 운전함. 높은 신뢰도, 고속 상향 링크 데이터 전송, 낮은 지연 시간 지원이 필수

[표 7] 5G기반 V2X 주요 서비스 시나리오

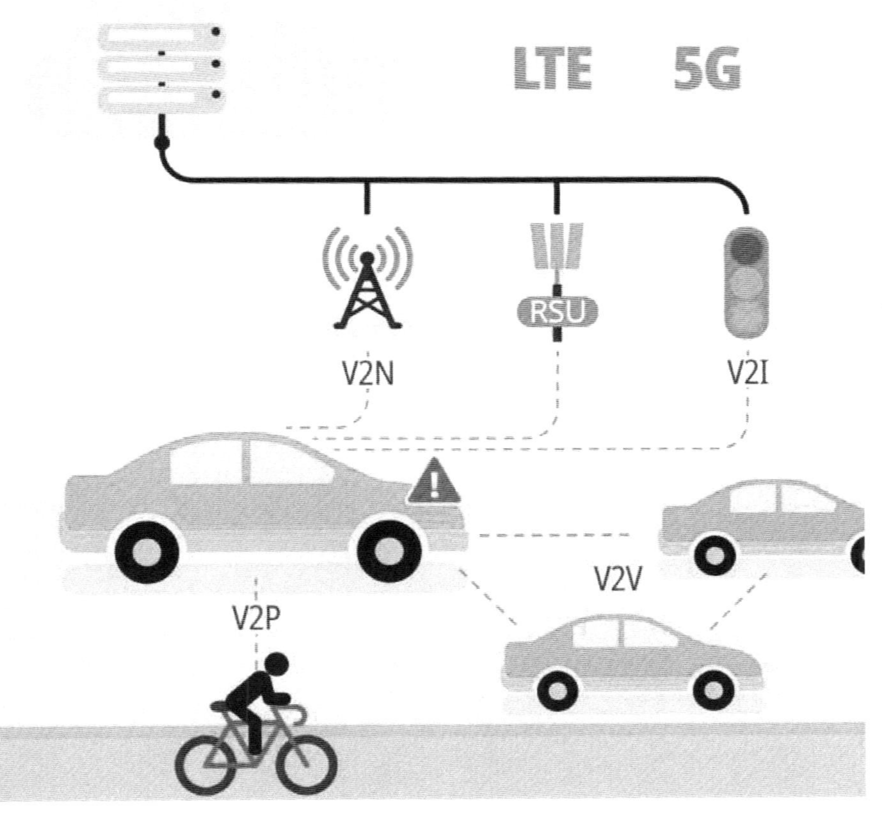

[그림 18] 5G기반 V2X 개념도

6) 에너지·공공 인프라

5G와 함께 촘촘히 설치될 센서들은 다양한 공간에서 소모되는 전력량, 가스량, 수도 사용량 등이 실시간으로 모니터링과 제어가 가능케 한다. 이로 인해 기대되는 효익으로 우선 전력 생산량과 소비량을 정확하게 매칭시켜 자원 낭비를 막고 환경 보호에 기여하는 것이다. 향후 자동차도 전기 자동차로 확대되면 도시 및 국가 전반의 에너지 사용 효율을 극대화시킬 수도 있다.

5G로 인한 IoT 환경이 더 중요한 이유는 전기 에너지는 저장이 어려워 생산되면 계속 흘러보내야 한다는 점 때문이다. 그래서 개인뿐만 아니라 도시·국가 전반에 걸쳐 가장 최적화된 양이 생성되어야 국가적 자원 낭비 제거 및 환경 보호에 기여할 수 있다. 뿐만 아니라 수도 사용량에 있어서도 깨끗한 물이 낭비되지 않고 도시·국가 차원에서 수량을 조절할 수 있어야 에너지 낭비를 줄일 수 있을 것이다.

또 다양한 공공 인프라를 통해서 공공 자산의 효율적인 활용과 공공 안전과 운송에 기여할 수 있을 것이라 보인다.

가) 스마트 그리드

스마트 그리드(Smart Grid)는 ICT와 에너지가 결합하여 형성되는 첨단 기술 중 가장 중요한 분야 중 하나이다. '똑똑한'을 뜻하는 'Smart'와 전기, 가스 등의 공급용 배급망, 전력망의 뜻의 'Grid'가 합쳐진 단어인 스마트 그리드는 차세대 전력망의 핵심이기도 하다.

전력을 효율적으로 관리하는 스마트그리드 시스템은 스마트시티를 구성하는 중요한 구성 요소로, 도시 내 건물의 조명, 냉·난방, 주요 전기설비를 조절함으로써 피크전력 시간대 에너지 사용을 절약하고, 새벽 시간대 잉여에너지는 저장·판매해 비용을 절감할 수 있다.

전력 제어부터 데이터 분석까지 수행해야 하기에, 스마트 그리드는 데이터 사용량이 급증하고 있는 상황에서도 대응할 수 있도록 5G도입이 필수적이다. 사물인터넷(IoT)을 통해 에너지 사용 빅데이터를 수집하고, 고객 에너지 소비와 생산 패턴을 실시간 분석·예측한 뒤 맞춤형 컨설팅과 제어 서비스를 제공함으로써, 에너지 분야에서도 5G가 큰 도움이 될 것이라는 기대감을 높이고 있다.

앞으로 다가올 5G 기반의 스마트 그리드는 다양한 곳에 사용되는 전기량을 예측하여 효율적으로 관리함으로써 전기 사용자에게 전기 사용량과 요금정보를 인식하기 쉽

게 시각화하여 자발적인 에너지 절약을 유도할 수 있다.

신재생 에너지를 활용하면서 지능적인 제품 생산과 스마트한 에너지 사용이 중요해
진 시대에 무엇보다 중요한 시스템으로 자리하고 있장.[22]

나) 스마트시티[23]

5G의 핵심서비스 중 하나인 스마트시티는 모든 사물이 연결돼 시민들의 안전한 생
활을 지원하는 ICT 기술의 융복합체이다. 도시 전역의 센서와 카메라 데이터는 5G
망을 통해 안정적으로 수용되며, 이는 지진, 화재 등의 재해를 사전에 예방하고 교통,
범죄 등 다양한 분야에서 실시간 정보를 제공하여 사회 안전망을 구축한다.

[그림 19] 5G 기반 스마트시티의 요구조건

또한, 5G는 스마트 미터링과 같은 저전력 IoT 기기를 효율적으로 연결하며, 드론을
활용한 교량 균열 검사와 같은 다양한 서비스가 등장하고 있다. 이를 통해 도시의 각
영역에서 혁신이 이뤄지고 있으며, 교육, 문화, 예술, 스포츠 등 다양한 분야에도 긍
정적인 영향을 미치고 있다.

---

22) 5세대 이동통신(5G), 스마트한 에너지 관리의 시대를 열다, 슈나이더 일렉트릭, 네이버 포스트,
   2018.03.28
23) 5G 기술·산업 현황 및 향후 비전, KPC4IR, KAIST, 2020

7) 금융서비스

5G의 도입으로 인해 금융 서비스 분야에서는 특히 인증과 상담, 거래, 보상 영역에서 데이터의 확대가 예상된다. 불필요한 절차는 간소화되고, 필요한 과정은 최대한 자동화시켜 금융 서비스 전반에 영향을 미칠 수 있을 것으로 보인다.

5G로 다양한 웨어러블 기기의 확대 및 생체 정보 인증의 적용, 확대를 통해서 인증 자동화가 가능할 것으로 보인다. 또한 상담 및 결제와 송금 등도 A.I.와 로봇 등으로 자동화될 가능성이 높다. 그래서 금융기관에서 대면 처리의 필요성은 감소될 것이며, 앞으로 디지털 문맹은 점차 줄어들어 향후 금융기관의 무점포화는 더 가속화될 것으로 보인다.

보험 산업에서도 운동 패턴, 운전 패턴 등 다양한 개인의 이력을 통해서 생명보험, 화재 보험 등에서 개인화된 상품 구성이 가능해지고, 합리적인 보험료 책정이 가능할 것으로 보인다.

또한 CCTV 등이 연계되어 보이스피싱 사기 및 보험 사기 등 금융 사기로 인한 비용을 획기적으로 줄일 수 있을 것으로 보인다.

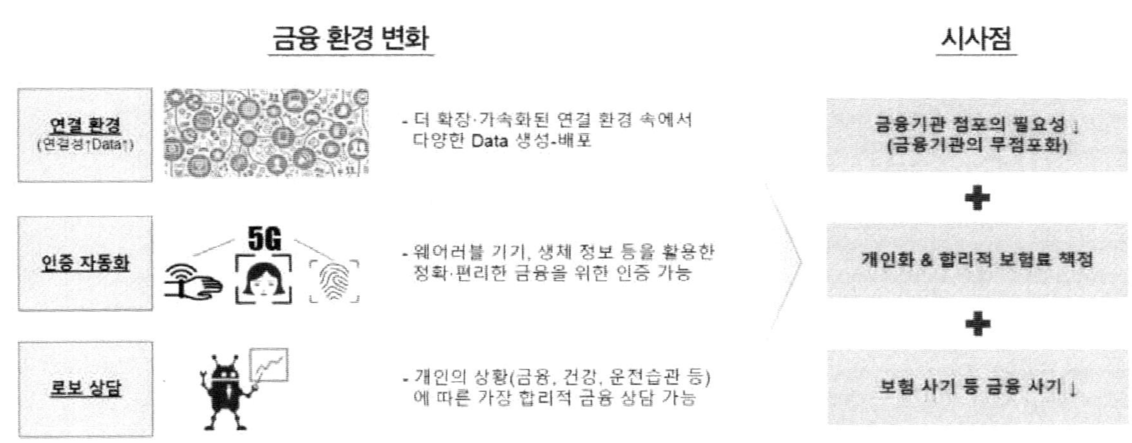

[그림 20] 5G로 인한 금융 환경 변화와 시사점

8) 제조업[24]

5G는 부분적으로 자동화된 공장 내 설비의 완전 자동화뿐만 아니라 전체 제조 공급 사슬을 연결하여 산업전반의 생산성 향상에 기여할 것으로 보인다. 현재 자동화 수준은 제조라인의 로봇화로 진행되고 있으며, 가장 많이 적용된 영역은 자동차 산업이다. 향후 5G 확대로 공장 내외 연결성이 확대되면 무인 공장 및 전 제조 영역의 자동화 등이 증가할 것이다. 스마트 제조의 다양한 시나리오와 5G 무선 통신 네트워크의 세 가지 필수 통신유형을 고려하여 제안된 3가지 5G 기반 스마트 제조 애플리케이션을 살펴보면 다음과 같다.

가) mMTC-based Smart Manufacturing application scenario

스마트 제조의 경우 여러 다른 종류들로 이뤄진 생산 인자의 스마트 상호연결은 제조 장비 (예: 공작 기계, 로봇 암, 사료 공급기), 보조 장비 제조 (예: 급수 설비, 가스 공급 설비), 추적 자원 (예: 자재, 제품 작업자, 작업자) 및 현장 환경 (예: 온도, 습도, 먼지, 유해 가스)에 대한 실시간 모니터링을 실현하기 위한 사이버-물리적 제조 시스템을 구축하기 위한 기반이다. 생산요인의 스마트 상호 연결은 두 가지 제조 시나리오를 포함한다. 생산 요인의 실시간 데이터 수집과 생산 요인의 식별 및 위치 파악이다.

그러나, 감시할 노드는 매우 많으며, 현재의 3G 및 4G 전송 네트워크는 그러한 대규모 노드로 제조 시나리오를 지원하기 어렵다. 그 이유는 기존 3G,4G의 연결 한계 때문이다. 작업 현장과 여러 다른 종류들로 이뤄진 데이터 구조의 다양한 생산 요소 때문에 현재의 4G와 다른 기존 네트워크는 대규모 통신 네트워크의 IoT 시나리오에 적합하지 않다. 위의 제조 시나리오를 실현하기 위해 밀리미터파 전파를 이용한 5G 전송 기술은 안테나 배열 등 다수의 소형 안테나를 필요로 한다. 5G는 효율적인 공간 분할다중접속(SDMA)기술로 송신기와 수신기의 주파수 재사용을 개선할 수 있다. 다중 빔포밍은 동채널 간섭을 줄이고 링크 품질을 개선하며 전방향 전송을 순응적으로 고방향 방사선 패턴으로 변환하는 동시에 특정 방향에서 원활한 통신 이득을 최적화한다.

원격 센터에 기반 대역 자원을 집중시키는 네트워크 아키텍처는 통계적 멀티플렉싱 이득, 대역폭 절감 및 에너지 절약의 이점을 가지고 있다. 이에 따라 5G 무선통신 기술의 확대로 지능형 제조에서 대규모 기계 노드 통신 시나리오의 적용 요건을 충족시킬 수 있도록 통신 범위와 연결 노드 수가 크게 개선되었다.

---

24) 5G와 스마트 제조, 홍승호, 한양대학교

나) URLLC-based Smart Manufacturing application scenario

스마트 제조에서 일반적으로 적용되는 시나리오는 작업현장에서 여러 다른 종류들로 이뤄진 생산 요소를 네트워크로 공동 생산하는 것이다. 제조 작업현장에서는 자동화 기술이 광범위하게 적용되면서 대규모 자동 생산 라인의 건설이 시급하다.

한편으로 제품이나 부품의 제조 공정은 많은 하위 공정을 포함하며, 생산 라인의 다른 제조 장비는 다른 처리 작업에 책임이 있다. 특히 조립 라인의 경우 공동으로 처리작업을 완료하기 위해 순서가 지정된 작동지침이 적절한 시점에 관련 제조장비로 발행된다. 반면에 기계 구조와 처리 작업의 한계 때문에 하나의 로봇은 보통 복잡한 처리 작업(로봇이 협력하여 조립하는 것과 용접 등의 이중 작업)을 수행할 수 없다. 또한 일부 제조 시나리오는 종종 특정 제조 작업을 위한 여러 로봇의 공동 운용을 원격으로 제어해야 한다. 이러한 제조 시나리오는 제어실과 작업현장 장비 간 양방향 데이터 전송 및 제어 지시를 위해 정확한 데이터 전송 및 매우 짧은 대기 시간을 요구한다.

그러나 3G 및 4G 네트워크는 산업 자동화를 위한 높은 신뢰성과 짧은 대기시간의 시간 요구 사항을 충족하기 어렵다. 위의 제조 시나리오를 실현하기 위해 다수의 소형 안테나가 있는 SDMA기반의 안테나 배치는 순응적으로 높은 방향 방사선 전송을 구현하고 특정방향으로 이득을 최적화할 수 있다. 안테나 배열은 다중 빔포밍 기술을 사용하여 공동 채널 간섭을 줄이고 링크 품질을 개선함으로써 전송 신뢰성을 향상시킨다. 또한 기기 간 통신(D2D) 기술 덕분에 기계 간 통신은 기지국을 통하지 않고 직접 통신하므로 통신 신뢰성은 보장하고 통신 지연 시간은 크게 줄일 수 있다.

다) eMBB-based Smart Manufacturing application scenario

제조업에서 가상현실과 증강현실(특히 후자)은 점점 주목을 받고 있는 추세이며 이는 가상 정보가 동일한 실제 환경에 중첩되고 두 가지 기술이 서로 보완된다는 것을 의미한다.

우선 가상현실과 증강현실은 제품 설계 과정에서 효과적으로 활용할 수 있다. 설계한 가상 모델은 실제 장면과 상호 작용하고 반복되므로 제품 모델의 시뮬레이션, 분석 및 검토를 보다 잘 수행할 수 있다.

둘째로 제조 공정에서 가상 현실과 증강 현실의 기술을 적용하면 운영 단계와 프로세스는 조립 작업자에게 직관적으로 제시하여 생산 효율을 높이고 오류를 줄일 수 있

다. 또한 제조 장비의 고도의 통합 및 복잡성의 증가로 인해 유지 보수 및 수리가 점점 더 어려워지고 있는데, 가상 현실과 증강 현실은 작업자에게 실시간 유지 보수 제공하여 이 어려움을 극복할 수 있다.

그러나 가상현실 및 증강현실에 기반한 제조 시나리오에서 전송되는 데이터는 막대한 양의 스트리밍 미디어 데이터에 속한다. 따라서 가상 현실 및 증강 현실과 제조 프로세스 간 원활한 연결을 위해 최신 3G 및 4G 기술보다 빠른 전송 속도와 대기 시간이 짧은 새로운 통신 기술이 필요하다.

위의 선진 제조 시나리오를 실현하기 위해 5G eMBB의 높은 주파수 특성은 4G 무선통신 네트워크보다 더 높은 대역폭과 빠른 전송 속도를 제공한다. 28GHz와 60GHz의 밀리미터파는 5G에서 가장 유망한 주파수 대역으로, 무선 통신의 최대 대역폭은 캐리어 주파수의 약 5% 정도로 4G 무선 통신보다 10 배 빠른 전송 속도를 쉽게 달성할 수 있다. 또한 클라우드 무선 액세스 네트워크(C-RAN)와 소프트웨어 정의 네트워크(SDN) 아키텍처에 기반한 5G 무선 통신은 제어부(C-Plane)와 데이터부(D-Plane) 간에 느슨하게 결합된 제어 모드를 제공하여 유효한 데이터의 전송 효율을 개선한다.

9) 유통

5G의 도입으로 제품의 공급 정보와 유통 정보, 그리고 소비자의 구매 정보가 더 활발히 생성, 교류될 것으로 보인다. 이러한 환경 변화로 인해 제조사들에게 고객에게 더 개인화된 제품과 서비스를 줄 수 있는 기회를 제공하며, 유통채널을 제외하고 직접 소비자에게 접근할 수 있게 될 것이다.

제조사, 도매상, 소매상 등이 연결된 가치 사슬간의 데이터 흐름이 강화될 것이며, 드론 및 IoT, 무인 배송 등으로 인한 배송 및 물류 분야에서도 큰변화가 예상된다. 또한 무인 점포와 같은 환경에서도 혁신이 일어날 것으로 보인다.

이러한 변화 속에서 유통 산업은 5G의 영향을 받아 다양한 유통 채널을 실시간으로 연계하여 고객에게 일관된 유통 경험을 제공하는 옴니 채널을 강화할 것으로 예상됩니다. 그러나 동시에, 제조사들의 직접 고객 접근성이 강화됨에 따라 유통의 본질적인 가치 중 하나인 제품 및 서비스를 소비자에게 제공하는 중요성이 상쇄될 수 있어, 유통업 자체가 새로운 모습으로 발전해 나갈 것입니다.

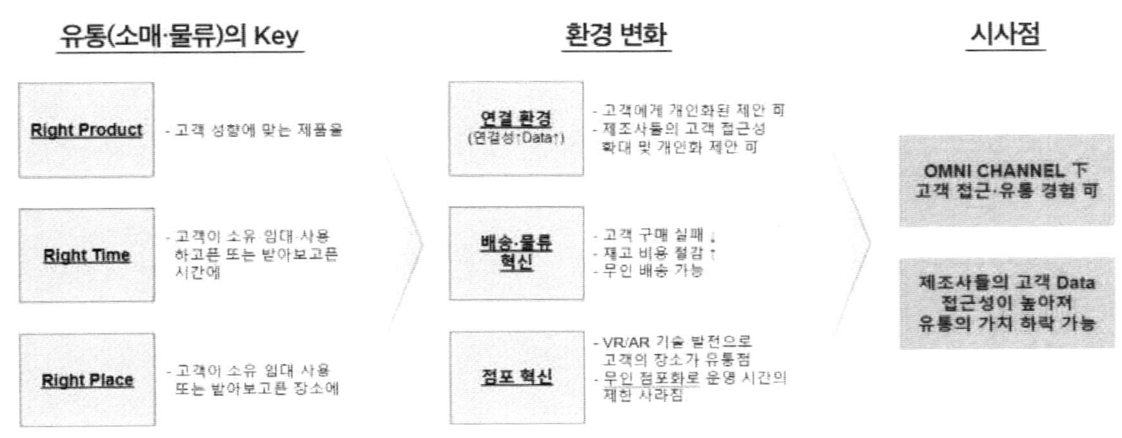

[그림 21] 5G와 유통 환경 변화

가) 무인점포와 무인배송

현대 유통 산업에서는 무인 점포와 자율주행 배송 서비스가 혁신적으로 도입되어, 소비자와 기업 간의 상호작용과 경험을 변화시키고 있다.

로봇 커피점과 아마존의 무인 매장 '아마존고'는 계산원이 없는 형태로 간편한 결제 서비스를 제공하고 있다. 이러한 무인 계산 매장은 등록된 이메일로 결제 청구서를 받는 혁신적인 쇼핑 경험을 선사한다.

또한 대형 유통기업 크로거는 자율주행차 기술을 활용하여 저렴하고 빠른 배송 서비스를 제공하기 위해 전략적 제휴를 맺고 있다. 이 자율주행 배송 서비스는 다양한 상품을 안전하게 운송할 수 있는 기술적 기능을 제공한다.

이러한 혁신적인 서비스는 소비자에게 더 편리하고 접근성 높은 경험을 제공하면서, 유통기업들에게는 비용 절감과 효율성 향상의 이점을 가져다 주고 있다. 앞으로 이러한 혁신이 유통 산업에서 더욱 중요한 역할을 할 것으로 예상된다.

나) 디지털화(Digital Experience)

5G 기술의 확대로 실감형 영상 구현이 가능해지면서, 인공지능(A.I.)과 사물인터넷(IoT)의 보급으로 다양한 디지털 경험을 소비자에게 직접적으로 제공할 수 있게 되었다. 이미지로 저장된 입어본 옷들을 활용한 스스로 옷 선택 서비스는 이미 상용화되어 있으며, 앞으로는 증강 현실 기술을 활용하여 가상으로 제품을 체험하는 기회가 늘어날 것으로 예상된다.

매장 내의 선반 재고 수준을 실시간으로 관리하고 모니터링하는 스마트 선반도 대형 매장에서 실험적으로 도입되고 있다. 이는 5G 연결성의 확대와 IoT의 보급으로 무인 점포의 중요한 솔루션으로 부상할 것으로 예측된다.

고객의 유통 접점이 다양화되는 상황에서 유통 기업들은 다양한 정보를 수집하고 결합하여 일관된, 만족스러운 구매 경험을 제공하기 위해 다양한 데이터, IoT, A.I.를 활용할 것으로 예상된다.

4.   5G 기술

4. 5G 기술

가. 5G 주요기술[25)]

1) 5G 코어망

이동통신 코어망은 기존 3G는 WCDMA, 4G는 LTE와 같이 세대를 대표하는 네트워크 코어기술 기반으로 발전해왔다. 5G 코어망은 두 가지 방식으로 구현될 수 있는데, 비단독 모드 (Non-Standalone, NSA) 방식과 단독 모드(Standalone, SA) 방식이다. 먼저 NSA 방식은 네트워크 가상화의 원리를 적용하여 LTE망과 5G망을 단일 네트워크처럼 활용하는 기술이다. 이 방식은 5G를 점진적으로 도입할 수 있도록 5G 초기 상용화를 위해 설계된 방식이다. 반면에 SA 방식은 5G기반 새로운 기지국과 새로운 코어망을 구축하여 현재 4세대 LTE 시스템과 연동이 필요없이 곧바로 5G 성능을 제공한다. 이는 5G로의 신속한 전환을 가능하게 만들어준다.

 종합적으로, NSA는 현재의 LTE망과 5G망을 통합하는 방식으로 5G를 점진적으로 도입하는 데 사용되고, SA는 완전히 독립된 5G 시스템을 구축하여 빠른 5G 적용을 이끌어내는 방식이다.

항목	비단독모드(NSA)	단독모드(SA)
용도	4G/5G 혼합 사용	5G 단독 사용
코어시스템	EPC(P-GW, S-GW) / LTE코어망	NG Core /5G 코어망
기지국	LTE eNB (기존 이동통신망 기지국으로 비 밀집지역의 4G/5G 공동활용)	5G NR (5G 전용 기지국)
장점	차세대 망으로의 안정적 전환	차세대 망으로의 빠른 전환
단점	환전 전환 시 까지 성능적 한계 보유	전국망 구축 시까지 일부 지역만 서비스가 제공되는 한계

[표 8] 비단독모드(NSA) vs. 단독모드(SA) 비교

NSA 방식은 주로 Dual Connectivity(DC) 기술로 알려져 있으며, 하나 이상의 송수신 연결을 지원하는 단말기가 하나 이상의 기지국의 자원을 활용할 수 있는 기술이다. 이 기술은 LTE 표준에서 제정된 Dual Connectivity(DC)를 기반으로 하며, 주로 4G의 용량 증대를 위한 추가 주파수 대역 할당을 통해 동시 연결을 지원한다. 작은 스몰셀 기지국을 사용하여 더 높은 주파수 대역을 활용할 수 있도록 되어 있다.

---

25) 5G 기술·산업 현황 및 향후 비전, KPC4IR, KAIST, 2020

현재 우리나라 이동통신사업자에 의해 상용화된 NSA 방식은 네트워크 구성요소 중 무선 기지국만 5G 표준을 준수하고 기존 LTE 네트워크에 추가로 5G 3.5GHz 주파수 대역을 활용해 통신속도를 1~2Gbps 수준으로 상당히 향상시켰다. 다만 이러한 방식은 5G의 초저지연 성능을 완전히 구현하는 데에는 제한이 있다.

SA 방식은 네트워크의 모든 구간을 5G 표준에 따라 새롭게 구현하는 방식으로 LTE망과 연동이 필요없어 5G 요구 성능 목표를 달성가능하며, 5G 핵심 기술 중 하나인 서비스별 성능의 최적화를 위한 네트워크 슬라이싱 기술도 가능하게 된다. NSA 방식 대비 2배 빠른 통신 접속 시간, 3배 높은 데이터 처리 효율이 예상되며 가상현실과 증강현실 등 대용량 실감미디어 전송 뿐만 아니라 자율주행 차량통신, 스마트팩토리 등 초저지연, 초고신뢰도를 요구하는 서비스들도 가능케 한다.

최근 KT가 국내 최초로 NSA 방식과 SA방식이 동시에 가능한 핵심 코어망을 개발 및 구축했다고 밝혀 조만간 우리나라에서 진정한 5G로의 전환이 이루어질 것으로 기대하고 있다.

2) 네트워크 슬라이싱

5G의 사용 시나리오에는 초광대역 무선통신 서비스 (eMBB), 고신뢰/초저지연 통신 서비스 (URLLC), 대규모 기기연결 기반 서비스 (mMTC) 등 다양한 서비스가 포함되어 있다. 이러한 서비스는 각각 특화된 성능을 필요로 하기 때문에, 기존에는 별도의 특화된 네트워크를 구축하여 서비스를 제공해 왔다. 그러나 5G에서는 '네트워크 슬라이싱(Network Slicing)'이라는 개념이 도입되어, 서로 다른 성격의 서비스가 하나의 통신망에서 유연하게 제공된다.

네트워크 슬라이싱은 각 서비스에 특화된 통신망을 할당하여, 망이용의 효율을 극대화하고 서비스 간 상호 연동을 용이하게 한다. 각 슬라이스된 네트워크는 서로 영향을 미치지 않으며, 서비스의 요구 성능을 충족시킬 수 있다. 이러한 기술의 핵심은 네트워크 기능 가상화 (NFV)와 소프트웨어 정의 네트워크 (SDN) 기술에 있다.

네트워크 슬라이싱은 서비스에 맞춘 유연하고 효과적인 네트워크 관리를 가능케 하며, 다양한 서비스를 고객에게 제공할 때 발생하는 복잡성을 줄일 수 있는 혁신적인 개념이다.

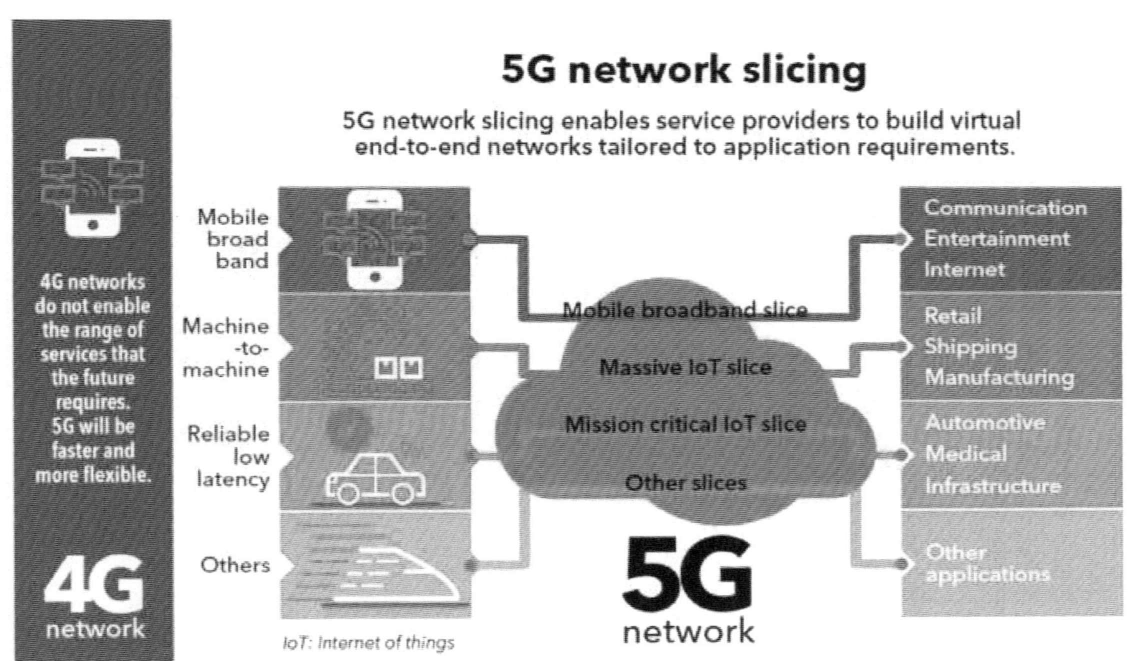

[그림 23] 5G 네트워크슬라이싱 개념도

가) 네트워크 가상화(Network Function Visualization, NFV) 기술

네트워크 가상화는 이러한 SDN 기술을 기반으로 구현된다. 이는 소프트웨어적으로 정의된 다양한 네트워크 기능을 가상화하여 클라우드 기반의 가상머신이나 컨테이너, 또는 범용 프로세서에서 운영함으로써, 하드웨어에서 구동하고 이를 통해 새로운 장비의 설치가 없어도 추가적인 네트워크 기능 설정 및 각각 다른 네트워크 기능을 가진 서브그룹으로의 이동이 가능하게 만든다. 최근 국내 이동통사는 글로벌 IT기업들과 협력하여 5G 네트워크 가상화 구현하고 이를 통해 5G 신규 서비스 및 기능을 신속하게 상용화 할 수 있도록 노력하고 있다.

나) 소프트웨어정의네트워크(Software Defined Network SDN) 기술

통신네트워크는 다양한 기능과 목적을 가진 여러 장비들로 이루어져 있다. 예를 들면 네트워크를 통해 전송되는 패킷의 경로를 위한 라우터, 서로 다른 네트워크 사이의 속도나 프로토콜 호환을 위한 게이트웨이, 그 외 스위치, 브리지 등 다양한 전용장비등이 이에 속한다. 기존에는 이러한 장비들이 모두 하드웨어 기반으로 운용되었으나 소프트웨어 기술이 발전하면서 이제는 점차 소프트웨어 기반의 장비로 전환되고 있다. 이렇듯 소프트웨어 정의 네트워크 기술은 각 기능과 목적을 소프트웨어적으로 설정하고 장비의 유연한 운용을 가능케 하는 기술이다.

3) 모바일 엣지 컴퓨팅(Mobile Edge Computing, MEC)

엣지컴퓨팅은 클라우드와 같이 중앙서버가 아닌 네트워크의 가장자리에서 컴퓨팅 파워를 활용하는 개념이다. 다른 말로는 포그(Fog) 컴퓨팅이라고 부르기도 한다. 기존 네트워크의 경우 대용량, 고성능을 필요로 하는 기능에 대해 중앙집중식으로 처리하는 네트워크를 구성하였으나, 이는 대규모 인프라 투자비용, 처리용량의 과부하, 거점 단위 트래픽 불균형, 데이터 통합 처리에 따른 지연율 및 보안 이슈 등을 해결하기가 어려웠다. 그러나, 최근 컴퓨팅 자원의 집적화와 5G광대역이 부가서비스를 제공 가능하게 함으로써 분산처리 환경이 더욱 효율적으로 구현되고 있다.

MEC가 5G의 핵심 기술로 각광받는 이유는 5G네트워크는 IoT 기기와 클라우드 간 대량 데이터 전송을 담당하여야 하는데, 특히 URLLC 시나리오의 자율주행 차량 통신과 같은 서비스에서 초저지연 성능이 매우 중요하기 때문이다. 이러한 상황에서 MEC는 유선망을 거치지 않고 사용자와 가까운 위치에서 데이터 송수신을 처리하므로 물리적인 데이터 전송 구간이 단축되며 5G의 초저지연 성능을 극대화시켜줄 수 있다. 또한 중앙저장장치에 데이터를 전송할 필요가 없어 해킹의 위험도 낮춰줄 수 있다는 장점이 있다. MEC를 구현하기 위해서는 통신인프라를 제공하는 통신사업자, 네트워크 및 컴퓨팅장비를 제공하는 제조사, 가상 인프라를 기반으로 클라우드 서비스를 제공하는 클라우드 서비스 사업자(CPS)가 협력적으로 참여해야 한다.

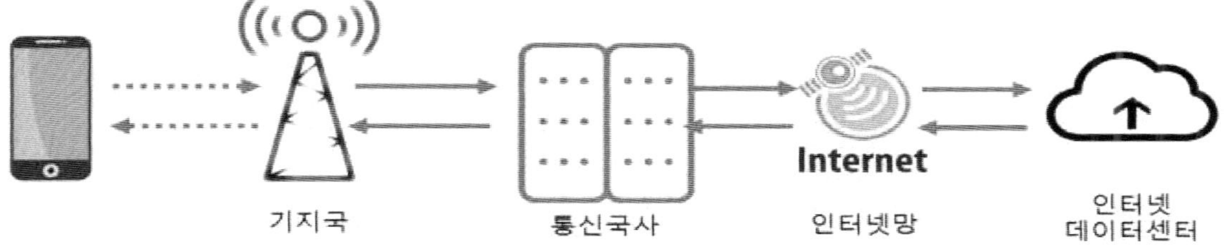

[그림 24] 일반 네트워크 전송방식

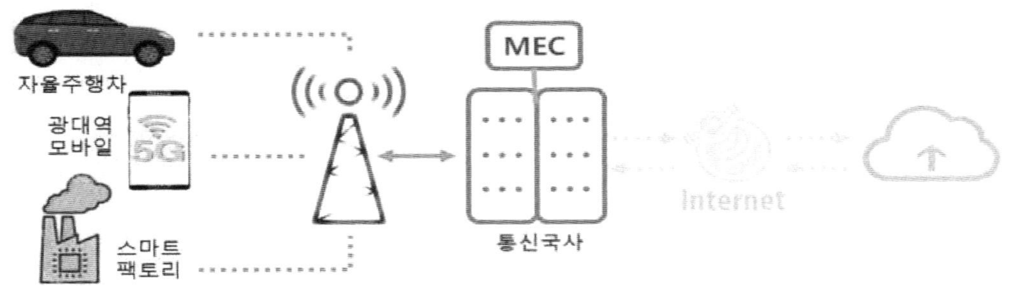

[그림 25] 5G-MEC 전송방식

4) 빔포밍 기술

초고주파는 이전에 국제적으로 사용 빈도가 크지 않았었기 때문에 각 국가별로 광대역 확보가 상대적으로 용이하지만 물리적 특성상 낮은 주파수에 비해서 멀리까지 전파되지 못하고 장애물 등을 통과하는 투과력이 상대적으로 약한 특성이 있다.

이러한 초고주파의 물리적 제약을 극복하기 위해 빔포밍(beamforming) 기술을 5G 표준 기술로 도입하였다. 빔포밍 기술은 수십 개 이상의 안테나에 실리는 신호를 각각 정밀하게 제어하여 특정 방향으로 에너지를 집중하거나, 반대로 특정 방향으로 에너지가 나가지 않도록 조절이 가능한 기술이다. 이를 통해 전파의 에너지를 집중시켜 거리를 늘리고 빔(Beam) 간 간섭을 최소화할 수 있다.

안테나를 많이 사용할수록 빔의 모양이 예리해져서 에너지 집중이 가능하지만, 빠르게 이동하는 단말을 정확하게 추적하는 것은 기술적인 어려움이 따른다.

[그림 26] 빔포밍 기술 개념도

5) Massive MIMO

  수 많은 안테나 배열 (Massive Antenna Array)을 활용하여 같은 무선 자원을 여러 명이 동시에 사용하는 Massive MIMO(Multi-Input Multi-Output)도 5G 표준에 채택 되었다.

  4G에서는 MIMO 기술이 사용되었지만, 적은 수의 안테나를 활용하여 빔이 예리하지 않아 사용자를 명확히 구분하는 데 한계가 있었으며, 1차원 안테나 배열을 사용하여 수평 방향의 사용자만을 구분할 수 있었습니다.
  하지만 5G에서는 수십 개 이상의 안테나를 2차원 배열로 배치하여 수직 및 수평 방향에서 모두 사용자를 구분할 수 있어, 더 많은 동시 다중 사용자를 지원할 수 있는 표준을 제공합니다.

[그림 27] Massive MIMO 기술 개념도

나. 6G[26]

과학기술정보통신부는 2020년 8월, 2030년 사이에 상용화가 예상되는 6세대 이동통신(6G) 관련 산업과 시장에서 주도적인 위치를 선점하기 위한 '6G 이동통신 R&D 추진전략'을 발표했다. 미국과 중국, 일본, 유럽 등 해외 주요국 역시 불확실한 향후 기술환경 변화에 따른 6G 기술과 글로벌 시장 선도를 위해 국가 주도의 6G R&D를 이미 착수하였으며, 미국은 특히 THz 고주파수 대역 기술 확보를 위한 프로젝트 착수 등 본격적인 6G R&D에 돌입하였다.

미국 방위고등연구계획국(Defense Advanced Research Projects Agency, DARPA) 은 5G가 상용화도 되기 이전인 2018년 7월 6G 연구개발에 착수하였고 FCC는 5G 이후의 기술 개발을 위해 95GHz ~ 3THz 대역을 연구용으로 개방하였다.

중국은 IMT-2020(5G) 추진팀을 중심으로 2020년부터 6G 연구를 본격화하고, 2030년까지의 상용화를 목표로 하며, 2019년 11월에는 국가 6G 기술 연구추진 업무팀을 출범시켜 국가 주도의 6G R&D를 정식화했다. 유럽은 EC가 6G를 사업 전략의 일부로 채택하고, 스마트 네트워크 및 서비스 분야에서의 연구와 혁신을 중점으로 하는 전략적 유럽 파트너십을 구축하는 방향으로 나아가고 있다. 특히, 핀란드의 오울루 대학은 이미 6G Flagship15를 설립하여 2018년부터 핀란드를 중심으로 유럽의 6G R&D를 선도하고 있다.

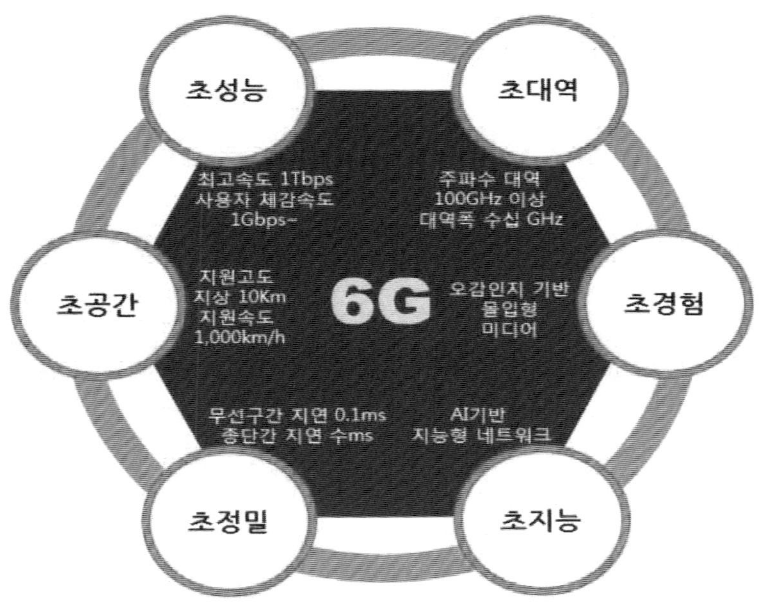

[그림 28] 6G 기술 성능 목표

---

26) 5G 기술·산업 현황 및 향후 비전, KPC4IR, KAIST, 2020

우리나라도 2019년 6G R&D 예비타당성 조사가 통과되어 본격적인 6G 연구개발 전략이 수립되었다. 과학기술정보통신부가 발표한 6G 기술은 초고속 (Tbps급), 초저지연 (최소 5ms급) 및 인공지능 기술이 결합된 초지능, 초정밀, 초대역, 초성능 등 6대 중점 기술을 포함하고 있다. 예상 상용화 시기는 2030년으로 6G 기술 및 시장 선점과 핵심 부품의 국산화를 위해 6G 핵심기술 개발, 국제표준 선도, 부품 및 장비 개발에 집중할 것으로 보인다. 이를 위해 과학기술정보통신부는 6개 중점 기술 성능 목표 달성을 위한 전략과제를 선정하고 2021년부터 8년간 6G R&D를 위한 투자 계획을 수립하였다.

중점 분야	전략과제	주요성과물
초성능	Tbps 무선통신	Tbps급 무선통신 기술
	Tbps 광통신	Tbps급 광통신 기술
초대역	THz RF 부품	고출력 저잡은 전력증폭기, Sub THz 트랜시버
	THz 주파수	대역별 전파모델 및 DB
초정밀	종단간 초정밀 네트워크	초저지연, 고정밀 패킷 포워딩 H/W 모듈
초공간	공간 이동통신	3D 이동체 프로토콜 SW
	공간 위성통신	위성/지상 통합 액세스 및 탑재체 기술
초지능	지능형 무선 액세스	자동화 및 지능형 시스템
	지능형 네트워크	
초신뢰	6G 품질 상시보장 보안 기술	6G 품질을 보장하는 내제화된 보안기술

[표 9] 6G 핵심기술개발 주요 내용

또한, 5G+ 전략산업 및 서비스를 통해 개발되어진 장비나 부품을 6G 환경에서도 활용할 수 있도록 고도화 시키는 연구개발도 지원될 예정이다. 6G 원천기술 개발을 위한 정부의 적극적인 지원은 5G에 이어 6G에서도 조기 상용화 효과를 극대화하고, 원천기술의 국제표준특허 확보를 통해 ICT 글로벌 리더십을 지속 확보하겠다는 목표를 달성하기 위함이다.

5.   5G 시장규모

5. 5G 시장규모
가. 국외동향[27]

세계 이동통신서비스 시장은 2023년 1조 1,849.7억 달러 수준으로 2030년까지 연평균 3.1% 성장 전망되며, 음성은 2023년 2,957.8억 달러 수준으로 2030년까지 연평균 -5.2% 성장, 데이터는 2023년 8,892억 달러 수준으로 연평균 8.1% 성장할 전망이다.

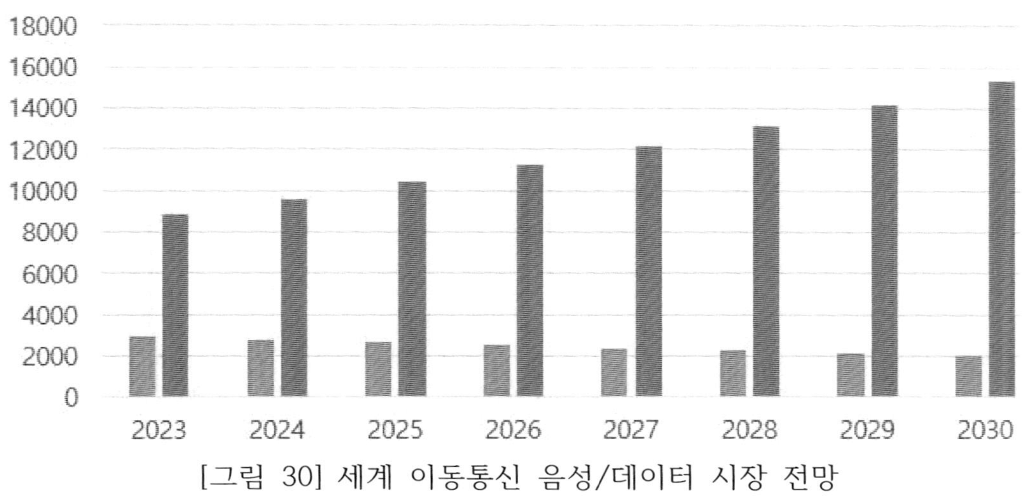

[그림 30] 세계 이동통신 음성/데이터 시장 전망

IoT 연동으로 시장을 확대중인 IoT 시장은 30년 1조 6,076억 달러 수준으로 연평균 18.1%의 성장률을 기록할 것으로 전망되며, 셀룰러 모듈은 2030년 273억 달러, IoT 통신 서비스는 2,709억 달러, IoT 솔루션 및 기타가 1조 3,095억 달러로 전망된다.

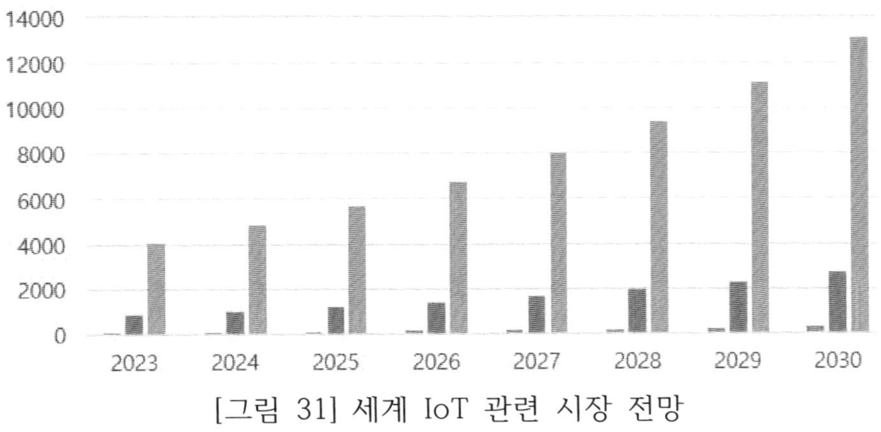

[그림 31] 세계 IoT 관련 시장 전망

---

27) 중소기업 전략기술로드맵 2021-2023, 5G+, 2020

세계 5G 시장은 네트워크 장비 및 단말, 첨단 디바이스 보안, 융합서비스 등 주요 연관 산업
분야에서 2026년 총 1,161조 원 규모 시장창출을 이뤄낼 전망이다. GSMA에 따르면 2025년 전 세계 5G 접속 회선은 14억으로 전망되며, 미국이 48%의 5G 보급률을, 이어서 유럽과 아태 지역이 각각 30%와 17%를 기록하며, 이들 3개 지역이 전 세계 5G 회선의 85%를 넘게 차지할 것으로 전망된다.

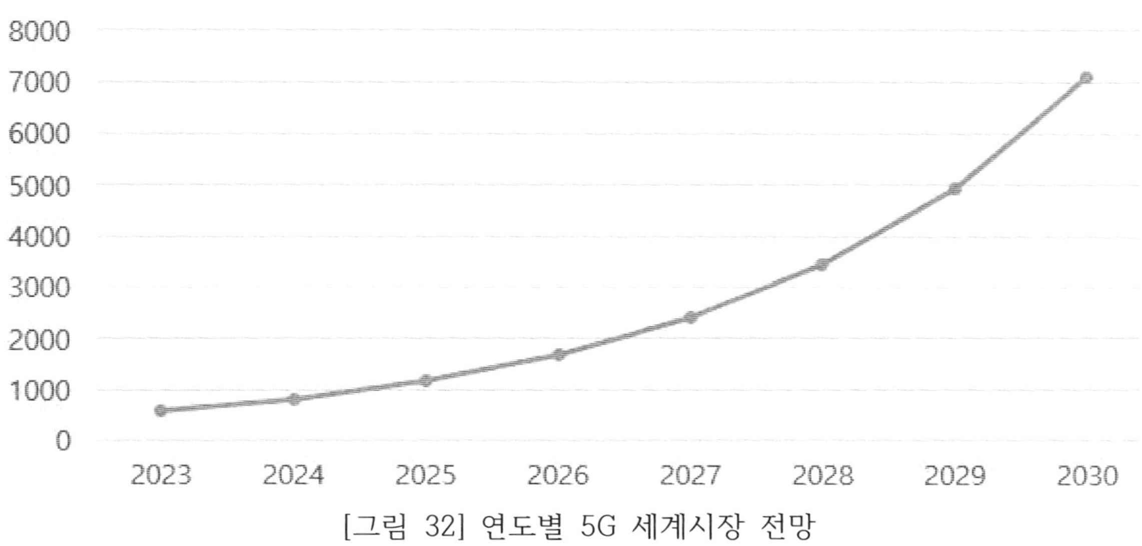

[그림 32] 연도별 5G 세계시장 전망

구분	2024	2025	2026	2027	2028	2029	CAGR
세계	819.6	1174.5	1683.1	2412	3456.4	4953	43.3

[표 10] 5G+ 세계 시장전망 (단위: 십억 달러, %)

전 세계 5G 칩셋 시장은 2020년 128억 3,900만 달러에서 연평균 성장률 6.7%로 증가하여, 2027년에는 671억 6,000만 달러에 이를 것으로 전망된다.[28]

---

28) 5G 칩셋 시장, 연구개발특구진흥재단, 2021.03

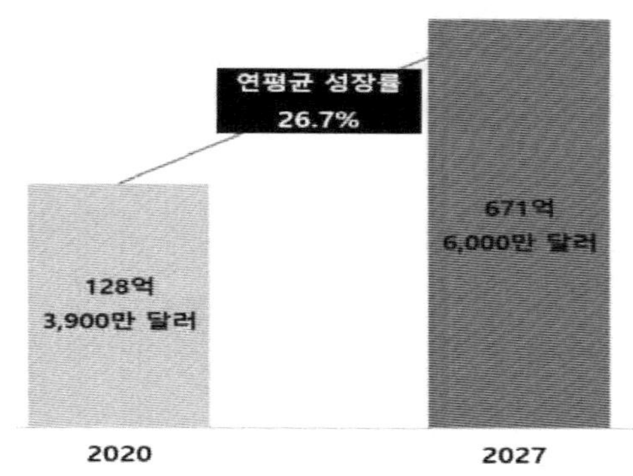

[그림 33] 글로벌 5G 칩셋 시장
규모 및 전망

　전 세계 5G 칩셋 및 디바이스 시장은 2019년 16억 7,860만 달러에서 연평균 성장률 59.7%로 증가하여, 2025년에는 278억 7,260만 달러에 이를 것으로 전망된다.

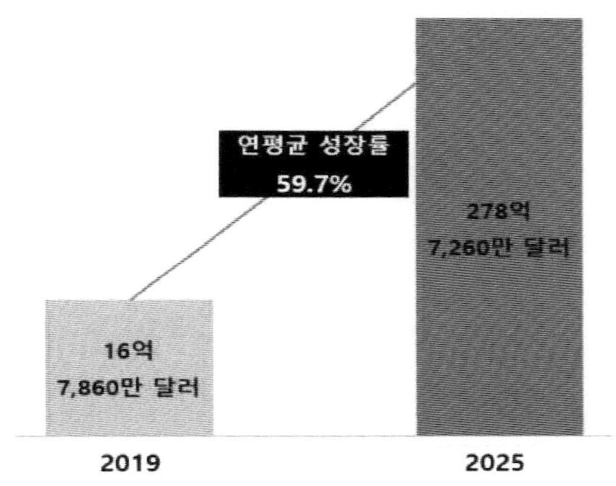

[그림 34] 글로벌 5G 칩셋 및 디바이스
시장 규모 및 전망

　전 세계 5G 칩셋 시장은 종류에 따라 모뎀, 무선주파수 집적회로(RFIC)로 분류할 수 있다. 모뎀은 2020년 61억 달러에서 연평균 성장률 25.0%로 증가하여, 2027년에는 290억 4,100만 달러에 이를 것으로 전망되며, 무선주파수 집적회로(RFIC)는 2020년 67억 3,900만 달러에서 연평균 성장률 28.1%로 증가하여, 2027년에는 381억 1,900만 달러에 이를 것으로 전망된다.

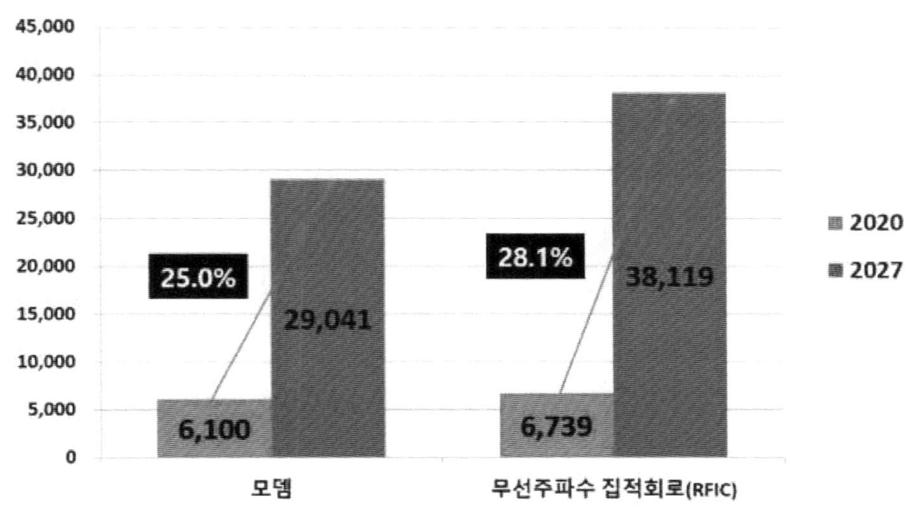

[그림 35] 글로벌 5G 칩셋 시장의 종류별 시장 규모 및 전망 (단위: 백만 달러)

　전 세계 5G 칩셋 시장은 최종 용도에 따라 모바일 기기용, 통신 기반 시설용, 비모바일 기기용, 자동차용으로 분류할 수 있다. 모바일 기기용은 2020년 110억 7,000만 달러에서 연평균 성장률 26.1%로 증가하여, 2027년에는 562억 3,500만 달러에 이를 것으로 전망된다. 통신 기반 시설용은 2020년 17억 5,400만 달러에서 연평균 성장률 24.1%로 증가하여, 2027년에는 79억 2,800만 달러에 이를 것으로 전망되며, 비모바일 기기용은 2020년 1,600만 달러에서 연평균 성장률 98.7%로 증가하여, 2027년에는 19억 2,200만 달러에 이를 것으로 전망된다. 마지막으로 자동차용은 연평균 성장률 142.3%로 증가하여, 2027년에는 10억 7,500만 달러에 이를 것으로 전망된다.

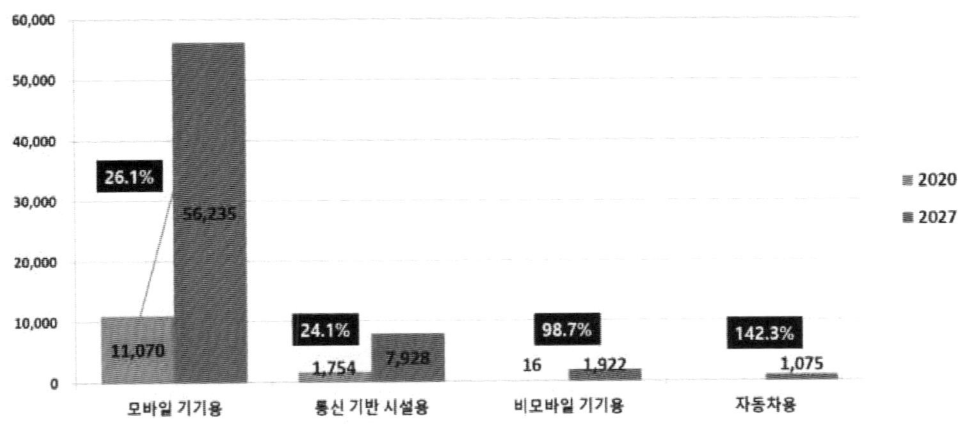

[그림 36] 글로벌 5G 칩셋 시장의 최종 용도별 시장 규모 및 전망 (단위: 백만 달러)

　전 세계 5G 칩셋 시장은 대역에 따라 6GHz 이하, 24-39GHz, 39GHz 이상으로 분류할 수 있다. 6GHz 이하는 2020년 97억 4,900만 달러에서 연평균 성장률 21.9%로 증가하여, 2027년에는 389억 7,900만 달러에 이를 것으로 전망되며, 24-39GHz는 2020년 30억 9,000만 달러에서 연평균 성장률 34.7%로 증가하여, 2027년에는 248억 2,200만 달러에 이를 것으로 전망된다. 마지막으로 39GHz 이상은 연평균 성장률 31.9%로 증가하여, 2027년에는 33억 5,800만 달러에 이를 것으로 전망된다.

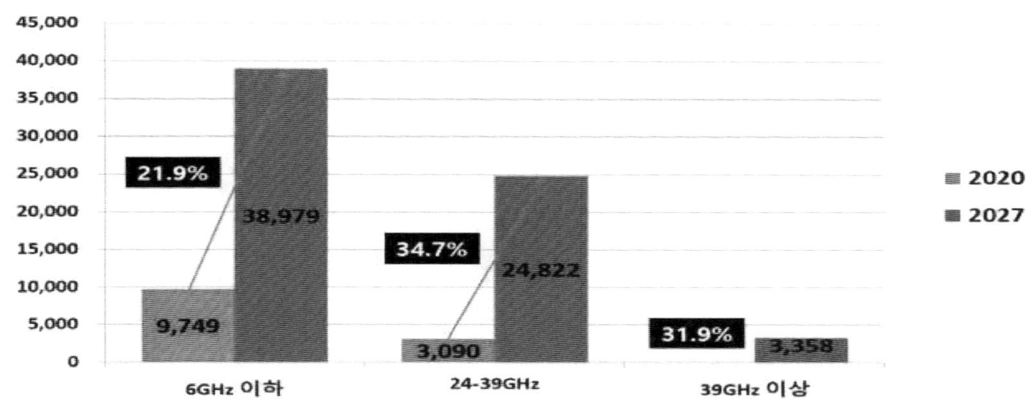

[그림 37] 글로벌 5G 칩셋 시장의 대역별 시장 규모 및 전망 (단위: 백만 달러)

　전 세계 5G 칩셋 시장은 프로세스 노드에 따라 10-28nm, 10nm 미만, 28nm 이상으로 분류할 수 있다. 10-28nm는 2020년 48억 8,100만 달러에서 연평균 성장률 30.2%로 증가하여, 2027년에는 308억 9,300만 달러에 이를 것으로 전망되며, 10nm 미만은 2020년 39억 1,200만 달러에서 연평균 성장률 28.7%로 증가하여, 2027년에는 228억 3,400만 달러에 이를 것으로 전망된다. 마지막으로 28nm 이상은 2020년 40억 4,500만 달러에서 연평균 성장률 18.7%로 증가하여, 2027년에는 134억 3,200만 달러에 이를 것으로 전망된다.

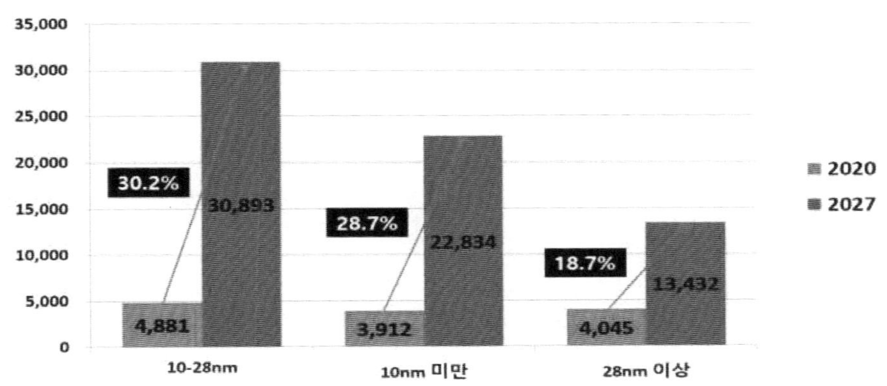

[그림 38] 글로벌 5G 칩셋 시장의 프로세스 노드별 시장 규모 및 전망 (단위: 백만 달러)

전 세계 5G 칩셋 시장을 지역별로 살펴보면, 2020년을 기준으로 아시아-태평양 지역이 71.9%로 가장 높은 점유율을 나타냈다. 지역별로 자세히 살펴보면, 북아메리카 지역은 2020년 17억 4,800만 달러에서 연평균 성장률 33.8%로 증가하여, 2027년에는 134억 1,400만 달러에 이를 것으로 전망되며, 유럽 지역은 2020년 12억 900만 달러에서 연평균 성장률 38.1%로 증가하여, 2027년에는 115억 6,900만 달러에 이를 것으로 전망된다. 아시아-태평양 지역은 2020년 92억 3,400만 달러에서 연평균 성장률 22.4%로 증가하여, 2027년에는 379억 9,000만 달러에 이를 것으로 전망되며, 그 외 지역은 2020년 6억 4,800만 달러에서 연평균 성장률 30.5%로 증가하여, 2027년에는 41억 8,700만 달러에 이를 것으로 전망된다.

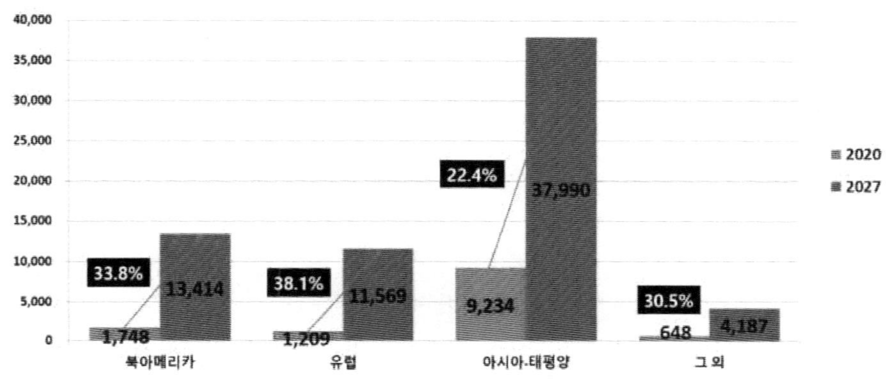

[그림 39] 글로벌 5G 칩셋 시장의 지역별 시장 규모 및 전망
(단위: 백만 달러)

나. 국내동향[29]

국내 이동통신서비스 시장은 2030년 300억달러 수준으로 성장할 전망이며, 음성은 2030년 17억 달러 수준으로, 데이터는 2030년 285억 달러 수준으로 성장할 전망이다.

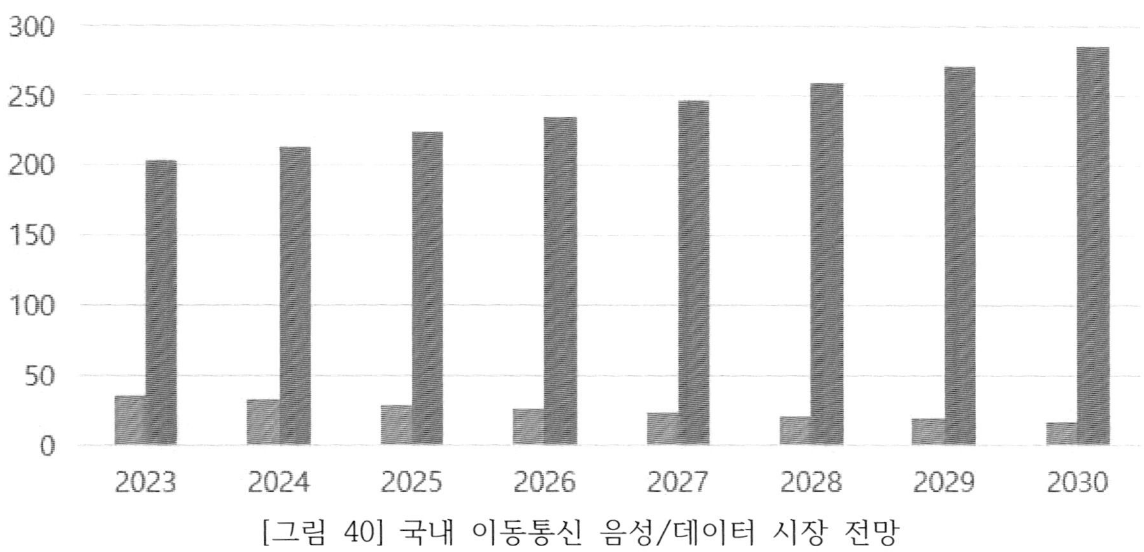

[그림 40] 국내 이동통신 음성/데이터 시장 전망

IoT 셀룰러 모듈은 2030년 2억 달러, IoT 통신 서비스는 2030년 31억 달러, IoT 솔루션 및 기타가 128억 달러로 성장할 전망이다.

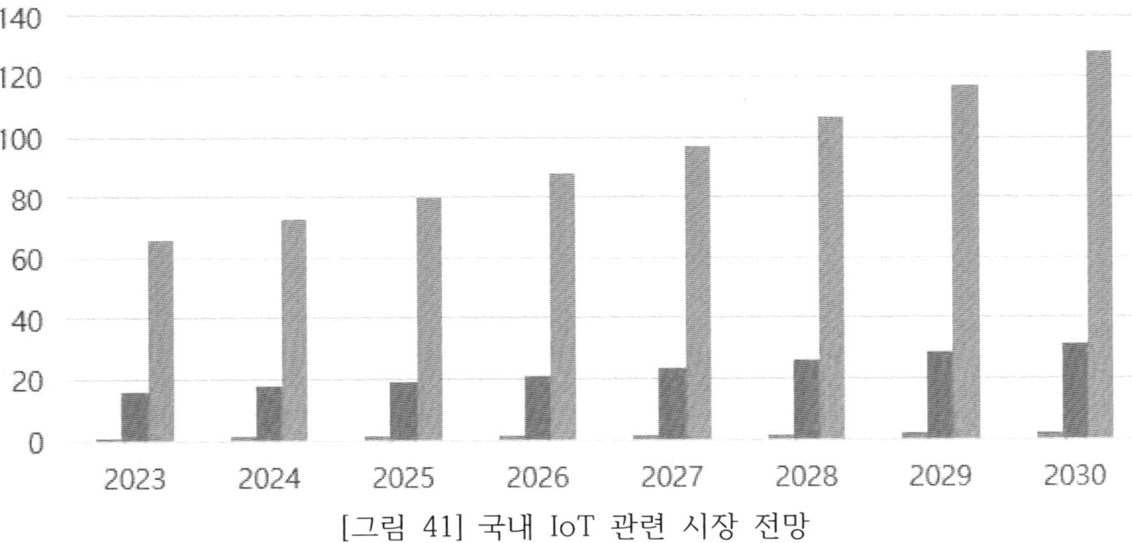

[그림 41] 국내 IoT 관련 시장 전망

---

29) 중소기업 전략기술로드맵 2021-2023, 5G+, 2020

국내 백홀시장의 경우 세계 시장 점유 5%를 기준으로 했을 때 2024년 408억 원에서 2029년 1,137억 원으로 연평균 22.7% 성장할 예정이다.

구분	2024	2025	2026	2027	2028	2029	CAGR
국내	408	501	615	755	926	1,137	22.72

[표 11] 국내 백홀시장 전망 (단위: 억 원, %)

국내 5G 시장은 이동통신과 네트워크를 합쳐 2024년 약 35조 원 시장에서 2029년 272조 원의 시장을 형성할 것으로 추정된다.

구분	2024	2025	2026	2027	2028	2029	CAGR
이동통신	382,000	381,000	381,000	381,000	380,000	380,000	-0.1%
5G 이동통신	283,000	419,000	620,000	918,000	1359,000	2012,000	48%
네트워크 전체	90,275	97,858	106,078	114,989	124,648	135,119	8.4%
5G 네트워크	66,873	107,399	172,483	277,008	44,875	714,469	60.6%
5G 계	350,293	526,861	793,286	1,195,797	1,804,683	2,726,985	49.8%

[표 12] 차세대 통신 국내 시장 전망 (단위: 억 원, %)

KT경제경영연구소에 따르면 5G+의 파급효과는 2025년 25.2조 원에서 2030년 42.3조원 까지 나올 수 있다고 전망된다. 특히 자동차 산업은 통신과 정보과학이 결합한 '텔레매틱스' 가치 증가에 힘입어 2025년 3조 3000억 원, 2030년에는 7조 2000억 원의 사회경제적 가치가 창출될 것으로 판단된다.

구분	2025	2030	구분	2025	2030
자동차	33,015	72,861	보안	5,610	7,168
제조	85,515	156,035	미디어	24,550	36,136
헬스케어	18,260	28,582	에너지	7,191	11,028
운송	20,761	28,315	유통	19,623	25,158
농업	1,734	2,607	금융	36,654	55,549
계	252,913	423,439			

[표 13] 5G로 인한 사회 경제적 가치(10개 산업분야) (단위 : 억 원)

우리나라의 5G 칩셋 시장은 2020년 13억 4,800만 달러에서 연평균 성장률 12.6%로 증가하여, 2027년에는 30억 8,800만 달러에 이를 것으로 전망된다.[30]

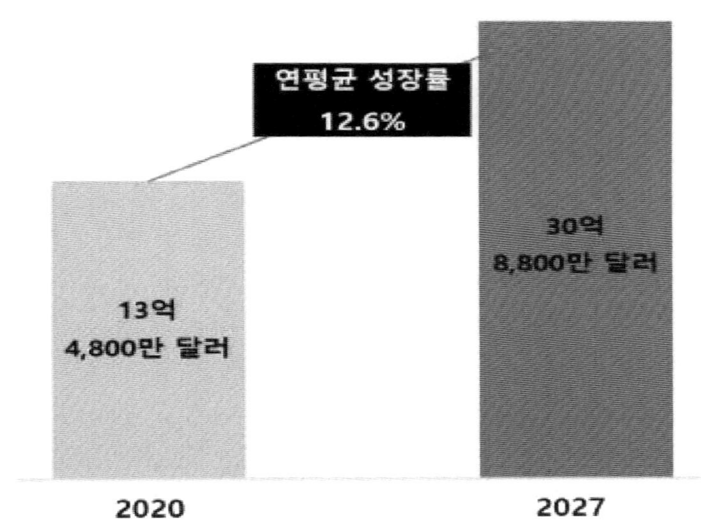

[그림 42] 우리나라 5G 칩셋 시장 규모 및 전망

우리나라의 5G 칩셋 시장은 최종 용도에 따라 모바일 기기용, 통신 기반 시설용, 비모바일 기기용, 자동차용으로 분류할 수 있다. 모바일 기기용은 2020년 7억 1,900만 달러에서 연평균 성장률 17.1%로 증가하여, 2027년에는 21억 6,500만 달러에 이를 것으로 전망되며, 통신 기반 시설용은 2020년 6억 2,800만 달러에서 연평균 성장률 3.5%로 증가하여, 2027년에는 8억 달러에 이를 것으로 전망된다. 비모바일 기기용은 2020년 100만 달러에서 연평균 성장률 90.3%로 증가하여, 2027년에는 7,500만 달러에 이를 것으로 전망되며, 마지막으로 자동차용은 연평균 성장률 143.0%로 증가하여, 2027년에는 4,800만 달러에 이를 것으로 전망된다.

---

30) 5G 칩셋 시장, 연구개발특구진흥재단, 2021.03

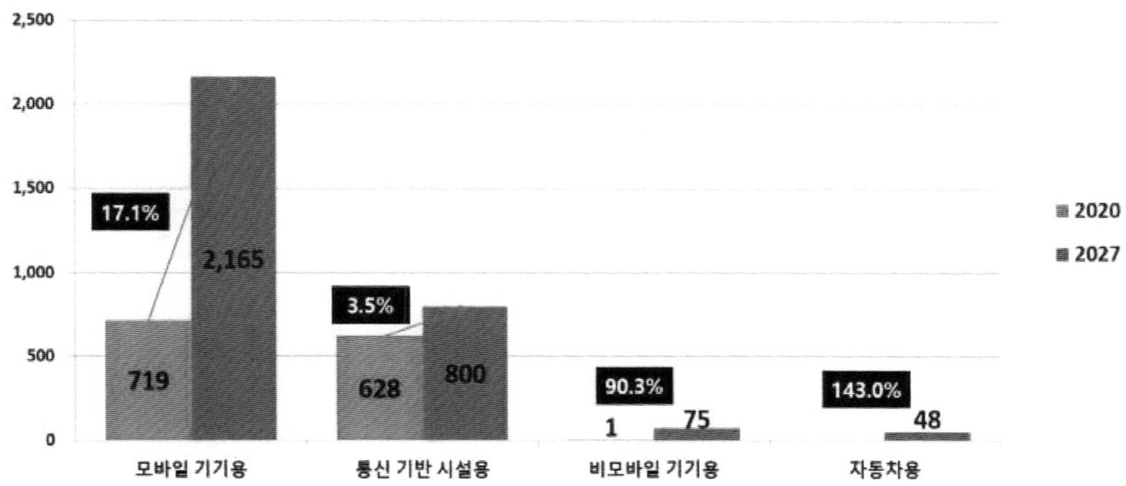

[그림 43] 우리나라 5G 칩셋 시장의 최종 용도별 시장 규모 및 전망 (단위: 백만 달러)

6.   5G 추진동향

6. 5G 추진동향[31]

가. 표준화동향[32]

1) 5G 표준특허 라이선싱

특허 라이선싱은 일반적으로 특허풀 방식과 개별협상 방식으로 나뉜다. 특허풀은 MPEGLA, VIA, SISVEL과 같은 특허관리 대행업체가 특정 표준규격의 특허를 모아 사용자에게 일괄적으로 라이선싱하는 방식이다. 이 방식은 주로 비디오, 오디오, 방송 관련 표준에서 사용되고 있다. 하지만 이동통신 분야에서는 표준특허의 개수가 많고 로열티 규모가 크기 때문에, 비록 특허풀이 존재하더라도 다수의 특허권자들이 주로 개별협상을 선호해 왔다.

5G 표준특허 또한 4G와 같이 특허풀 방식보다는 개별협상 방식으로 라이선싱될 것으로 예측된다. 개별 라이선싱 협상을 위해서는 특허권자가 자신이 표준특허를 보유하고 있다는 사실을 해당 표준화 기구에 미리 신고해야 하는데, 이를 '선언'의 의무로 갖고 있다. 이러한 특징을 고려하면 5G의 표준특허 라이선싱은 특허풀보다는 주로 개별협상을 중심으로 진행될 것으로 예상된다.

2) 5G 표준특허 로열티

스마트폰에서 기존 3G/4G 이동통신 표준특허 로열티는 대당 평균 판매가의 3.4~5.6%로 추정된다. 이는 스마트폰 전체 부품원가의 약 3.3% 정도에 해당하는 것으로, 표준특허 로열티는 스마트폰 제품의 가치사슬에서 상당히 중요한 부분을 차지하고 있다.

5G의 경우 스마트폰 가격이 상승하고 더욱이 다른 산업분야로 시장이 확대됨에 따라, 표준특허 로열티 규모는 더 커질 전망이다. 이에 따라 퀄컴, 에릭슨, 노키아, 화웨이 등 주요 표준특허 보유기업들은 표준특허 라이선싱 정책을 만들어 운영하고 있다.

5G 표준특허 로열티	
퀄컴	단말($400 상한) 당 3.25%(멀티모드), 2.275%(5G 싱글모드)
에릭슨	단말 당 $5(멀티모드), 최소 $2.5(5G 싱글모드)
노키아	단말 당 최대 €3 (약 $3.54)
화웨이	단말 당 최대 $2.5

[표 14] 주요 표준특허 보유기업들이 발표한 5G 표준특허 로열티 요율

---

31) 글로벌 경쟁이 본격화하는 5G, 김지환, iitp, 2019.05.29
32) 5G 표준특허 선언 및 정책 동향, ICT Standard Weekly 제1059호, 2021

3) 5G 표준특허 선언 동향

특허풀 형태로 운영되는 비디오와 오디오 분야는 해당 특허풀에 등록되기 위해 표준필수성검증 절차를 통과해야 한다. 따라서 특허풀에 등록된 특허 리스트를 보면 표준특허 현황을 정확하게 파악할 수 있다. 반면 이동통신 분야에서는 특허풀이 아니라 자발적으로 선언한 특허를 기반으로 라이선싱 협상이 이뤄지기 때문에, 5G 표준특허 현황을 직접적으로 확인하기가 어려워진다. 이 때문에 특허의 선언 정보를 통해 간접적으로 추정해야 한다.

가) 국내 표준특허 선언 동향

5G 표준특허는 2016년 4월에 시작된 NR 스터디 아이템으로 인해 급격한 증가를 보이며, 그 이후 매년 최소 1,200건 이상 한국 특허청에 출원되고 있다. 5G 표준특허는 적용되는 세대범위에 따라 '4G-중복 표준특허'와 '5G-단독 표준특허'의 두가지 부류로 나눌 수 있다. 4G-중복 표준특허는 운반파 묶음(Carrier Aggregation), 이중연결(Dual Connectivity)과 같이 4G 때부터 존재하여 5G 표준규격에도 채택된 특허이며, 5G-단독 표준특허는 뉴머롤로지(numerology), 빔 관리(beam management) 등 5G 표준규격에 처음 도입되어 오직 5G 표준에만 적용되는 특허이다. 4G-중복 표준특허는 기존 4G 표준특허 선언이후에 5G 표준특허로 다시 선언('재선언')함으로써 5G 표준특허의 지위도 얻게 된다.

5G 표준이 4G 표준을 기반으로 설계되었기 때문에 현재까지 5G 표준특허 중 4G-중복 표준특허의 비율이 절반 이상(57.8%)을 차지한다. 하지만 5G가 계속해서 진화함에 따라 5G에 특화된 기술들이 계속해서 도입되고 있어, 5G-단독 표준특허 비중이 점차 확대될 것으로 전망된다.

대부분의 표준특허는 해당 기술이 표준화회의에서 논의되기 직전이나 직후에 출원되는 경향이 있다. 따라서 특허청에서 표준특허 심사 시에는 주로 직전 회차 표준화회의 기고문이 선행기술로 인용된다. 이러한 이유로 대다수의 표준특허는 우선권 출원일로부터 약 3개월 이내의 선행기술을 개선한 것으로, 5G 표준특허의 우선권 출원일을 분석함으로써 해당 특허의 개발 타이밍을 간접적으로 예측할 수 있다.

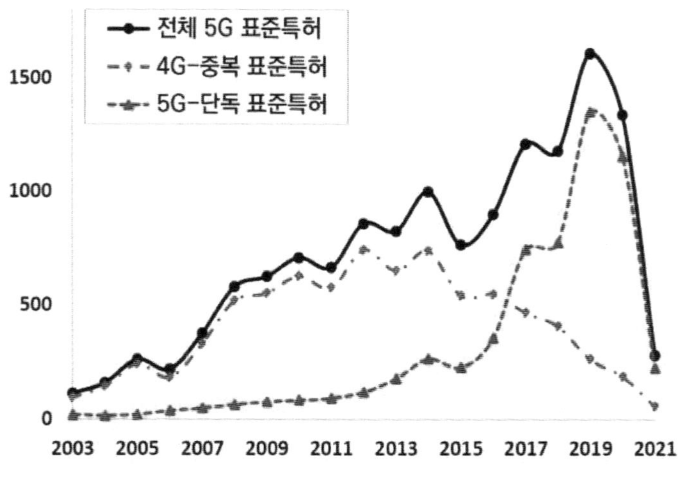

[그림 45] 국내 5G 선언특허 연도별 출원현황

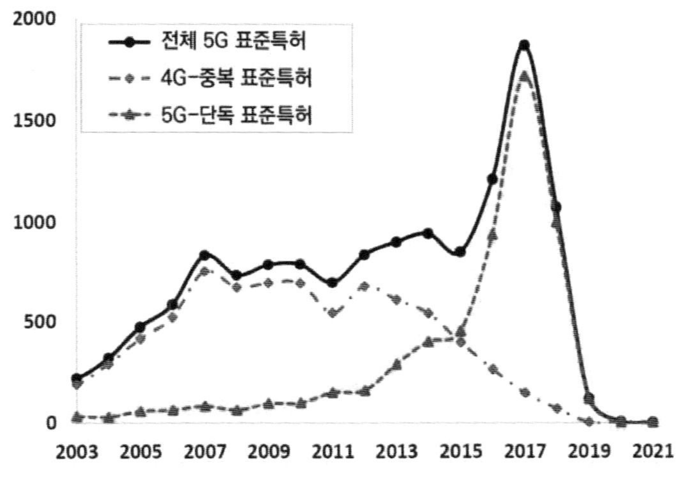

[그림 46] 5G 표준특허 우선권 출원년도

4G-중복 표준특허는 4G 표준의 진화에 따라 주로 릴리스13 무렵인 2015년까지 지속적으로 개발되었다가 5G 표준기술로 채택되었고, 5G-단독 표준특허는 NR이 논의되기 시작한 2016년부터 본격적으로 개발되었음을 보여 준다. 한편, 특허청에서 5G 선언표준특허를 심사할 때 대부분 선행기술로 3GPP 무선접속기술(RAN) 작업그룹(Working Group)의 기고문이 인용된다. 그 중에서 무선계층1(PHY)을 담당하는 RAN1과 무선계층2(MAC, RLC, PDCP, SDAP) 및 무선계층3(RRC)을 담당하는 RAN2의 기고문이 절대적이다. 이는 대부분의 5G 표준특허가 RAN1, 2 표준규격에 집중되어 있음을 의미한다.

심사 시 선생기술 인용빈도 (표준특허 관련도)	RAN1	RAN2	SA2	RAN3	기타
	62.9%	25.7%	4.1%	4.0%	1.3%

[표 15] 5G 선언표준특허 심사시 선행기술로 인용된 3GPP 작업그룹 기고문 비율

5G 선언표준특허 국내출원은 한국(38.6%), 미국(29.6%), 중국(15.9%) 순으로 많다. 중국은 국내에서 세 번째로 많이 표준특허를 선언했으나, 전세계적으로 5G 표준특허를 가장 많이 선언했다는 점을 고려해보면 한국 출원에 적극적이라고 볼 수 없다. 한편, 스웨덴과 핀란드는 국내 선언표준특허 출원 건수는 많지 않지만, 이들 특허에 대한 보유기간이 타 국가보다 훨씬 길어 품질 위주의 특허출원을 하고 있음을 알 수 있다.

선언특허 평균 보유기간	스웨덴	핀란드	미국	일본	한국	중국
	19.1년	14.2년	14.0년	13.1년	12.1년	7.4년

[표 16] 국내 소멸된 선언표준특허에 대한 국가별 평균 보유기간

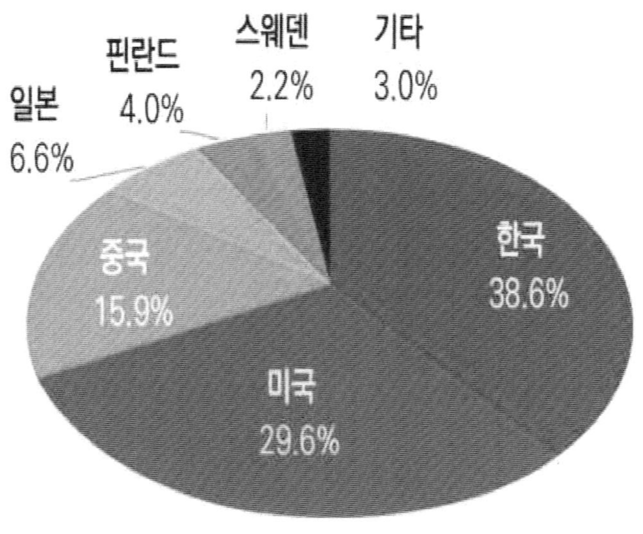

[그림 47] 국내 5G 선언특허 국가별 출원현황

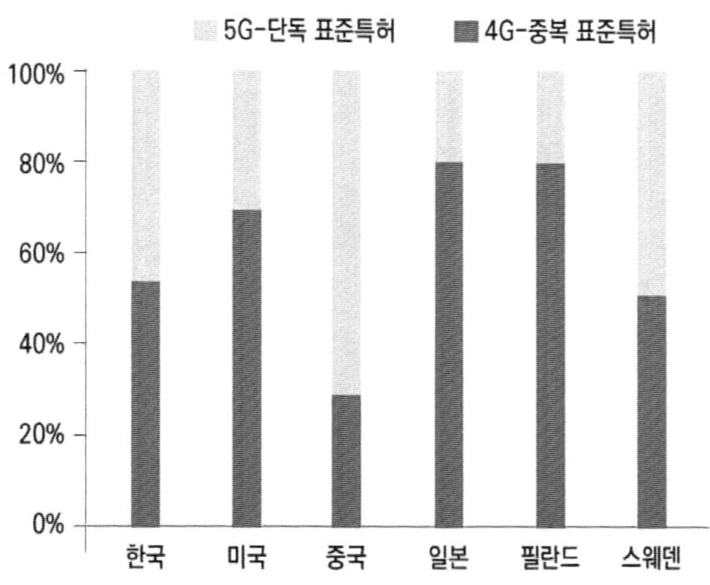

[그림 48] 국가별 5G 선언특허 재선언 현황

　미국, 핀란드, 스웨덴, 일본과 같은 전통적인 이동통신 강국들은 4G에서 중복 표준특허 비율이 높지만, 중국은 5G에서 단독 표준특허 비중이 높다. 중국은 4G에서는 후발주자였지만, 5G 표준을 선도함으로써 많은 표준특허를 출원했다. 특허의 유효기간이 출원 후 20년이므로, 5G 단독 표준특허 대부분은 최근에 출원되었고, 만료 기간까지 상당한 기간이 남아 있다. 또한, 향후 6G 표준이 5G를 기반으로 개발될 가능성이 높기 때문에, 중국은 한국, 미국, 유럽보다 표준특허 활용에서 보다 유리한 위치에 있을 것으로 판단된다.

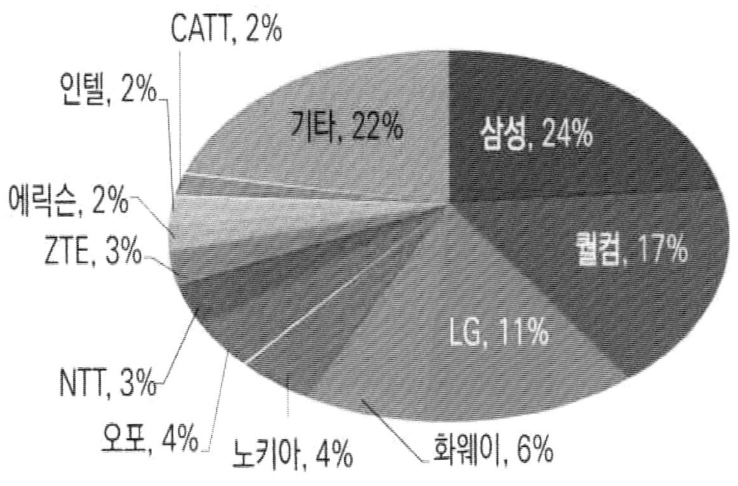

[그림 49] 국내 5G 선언특허 기업별 출원현황

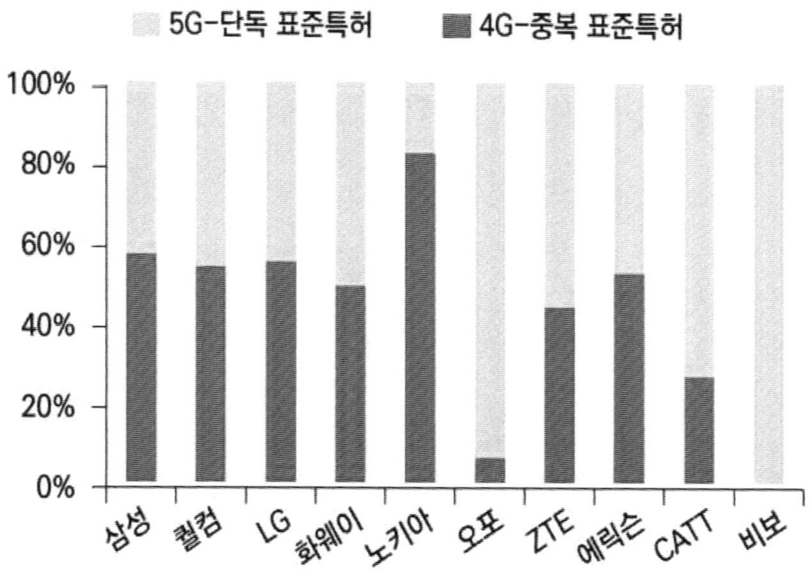

[그림 50] 기업별 5G 선언특허 재선언 현황

주목할 점은 노키아는 기존 4G 특허를 5G 표준특허로 재선언 함으로써 대부분의 5G 표준특허를 획득한 반면, 화웨이를 제외한 오포(4%), ZTE(3%), CATT(2%), 비보 (1%)와 같은 중국 기업들은 재선언이 많지 않고 거의 대부분 신규특허로써 5G 표준 특허를 선언했다는 점이다. 즉, 이들 중국 기업들은 4G 표준까지는 표준특허 존재감 이 미미했지만 5G 표준에서는 두각을 나타내고 있다.

나) 해외 표준특허 선언 동향

ETSI에 선언된 4만 9,000건의 5G 표준특허 중 한국 출원은 약 29%인 1만 4,000건 정도로 한정되어 있다. 그러나 한국의 세계적인 5G 시장 규모를 고려할 때, 한국 출 원이 아닌 특허가 5G 표준과 일치할 가능성은 낮아 보인다. 대부분의 기업들은 특허 경쟁력을 강조하기 위해 비표준특허라도 표준특허로 선언하는 경향이 있어, 전체적인 5G 기술경쟁력을 평가하기 위해서는 ETSI에 선언된 모든 5G 표준특허를 고려하는 것이 중요하다.

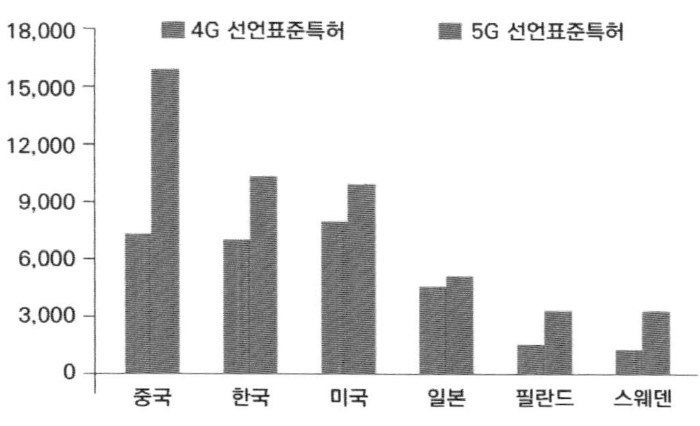

[그림 51] 5G 기초 선언특허 국가별 출원현황

위 그래프에서 알 수 있다 시피 중국은 4G 표준에 비해 5G 표준특허가 크게 증가
하며 전략적으로 5G에 투자해왔다. 단, 중국의 기초 선언 표준특허 상당수는 중국 출
원이다. 중국은 주로 자국 시장에 초점을 맞춰 특허를 출원하는 것으로 파악된다. 중
국 기업 중에서는 화웨이 이외에 ZTE, CATT, 오포, 비보도 상당수의 5G 특허출원을
하고 있다. 중국의 5G 기술이 어느하나의 기업에만 의존하지 않음을 알 수 있다.

기초 표준선언특허 자국 비율	미국	중국	핀란드	일본	한국	스웨덴
	69.3%	49.5%	27.1%	23.6%	8.5%	1.4%

[표 17] 자국특허를 5G 기초 표준특허로 선언한 비율

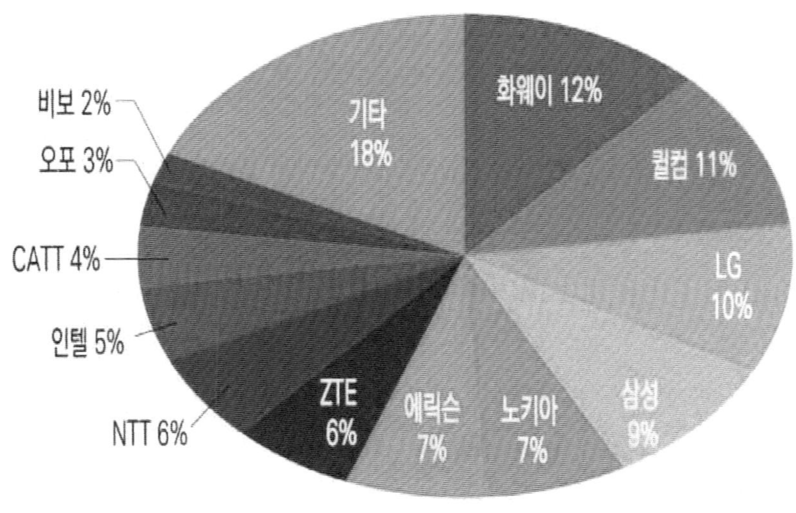

[그림 52] 5G 기초 선언특허 기업별 출원현황

4) 선언표준특허 정책 동향

  기업들은 다양한 이유로 표준특허가 아님에도 불구하고 표준특허라고 선언하는 경향이 있다. 4G 표준특허 소송 사례를 살펴보면 법원은 4G 선언표준특허 중 약 15.9%만이 실제 표준특허라고 인정하였다. 이러한 과도한 선언으로 인해 표준특허 신뢰성이 저하되어 시장 혼란을 초래한다는 우려가 있어, 각국 특허청은 선언된 표준특허를 검증하기 위한 다양한 정책을 고려하고 있다. 우리나라의 경우 특허청과 과학기술정보통신부가 중소기업의 공정한 표준특허 로열티 협상을 지원하기 위해, 5G 선언표준특허를 대상으로 표준필수성 검증사업을 수행하고 있다. 유럽 특허청은 특허청 심사관이 표준특허필수성 검증을 수행할 경우 그 효과를 파악하기 위한 파일럿을 실시하였고, 일본에서는 신청을 받은 경우에 한해 특허심판원에서 선언표준특허를 검증하는 한테이(Hantei) 제도를 운영하고 있다. 선언표준특허 필수성 검증이 선진 5개국 (IP5) 특허청장 회의의 의제로도 논의되었던 만큼, 향후 선언표준특허의 투명성 확보를 위한 국제협력이 이루어질 가능성도 있다.

나. 5G와 자동차 융합 동향

5G 융합 분야 중 대표적인 분야는 차량-사물 통신(V2X)을 활용한 5G 자율주행차이다. V2X는 C-ITS(협력적 지능형 교통시스템)와 함께 논의되고 있다. C-ITS는 주행 중 차량이 다른 차량 또는 도로변 인프라와 통신하면서 주변 교통 상황과 위험정보를 실시간 수집 및 경고하여 교통사고를 예방하는 시스템이다.

V2X는 C-ITS를 위한 통신 기술로서 차량이 유·무선망을 통해 다른 차량 및 도로 등 인프라에 구축된 사물과 정보를 교환하는 차량용 통신이다. V2X의 범위는 좁게는 차량 간 통신(V2V)과 차량-도로인프라 통신(V2I), 넓게는 차량-네트워크 통신(V2N), 차량-사람 통신(V2P)도 포함한다. 3GPP 표준 기반의 V2X는 C-V2X로 불린다. 3GPP Rel.14 및 Rel.15에서 LTE 기반의 C-V2X 표준화 작업이 완료되었고 5G 기반 C-V2X 표준화(Rel.16) 작업이 2020년 완료되었다. 주파수 표준화는 5.9GHz(5.855~5.925GHz) 대역을 대상으로 하고 있으며 도로안전 서비스에 활용될 예정이다. 3GPP Rel.15에서는 5.9GHz 대역에서 V2V/V2P/V2I 통신과 저대역의 셀룰러 면허 대역을 활용한 V2N 통신의 주파수 대역조합을 제안하였다. 이는 LTE 기반 C-V2X를 통해 충분한 C-ITS 커버리지를 확보할 수 있는 향후 5G 기반 C-V2X로의 진화를 염두에 두기 때문이다.

최근까지 대부분 국가에서 C-ITS는 WiFi를 개선한 IEEE 802.11p를 기반으로 하는 WAVE기술로 상용화를 앞둔 상황이었다. 그러나 LTE나 5G 기반 C2X가 대두되면서 상황이 변하고 있다. 현 시점에서 C-V2X의 기술 안정성 검증이 필요하나 향후 기술 진화를 고려해야 한다는 주장이 존재한다. 전송속도와 초저지연성이 강화된 5G C-V2X는 고급 자율주행과 연계된 고도화된 서비스를 제공할 수 있기 때문이다.

국가	주파수	기술
미국	5.855~5.925GHz	DSRC, C-V2X 검토 중
유럽	5.855~5.925GHz	기술 중립, ITS-G5 중심
중국	5.905~5.925GHz	C-V2X에 집중

[표 18] 미국, 유럽, 중국의 V2X 주파수 및 기술

미국은 DSRC V2V 통신 의무화를 임시로 보류하고, C-V2X 기술에 대해 2018년 12월부터 검토 중이다. FCC에 제출된 진정서에서 5GAA는 5.9GHz 대역 중 일부를 C-V2X로 활용하고자 하였다. 미국과 유럽에서는 현재 5.9GHz 대역이 ITS 용도로 사용되고 있으며, C-ITS 기술 중에서도 802.11p와 C-V2X가 경쟁하고 있다.

중국은 2019년 말에 C-V2X를 세계 최초로 상용화할 가능성이 높으며, 표준을 통일하고 테스트를 진행하고 있다. 중국 정부는 LTE 기반 V2X 테스트 베드를 구축하고, 5.9GHz 대역을 ITS 용도로 일부 확보하고 나머지는 5G 기반 V2X를 위해 유보하였다.

5GAA는 독일 자동차 업계를 중심으로 조직되어 있으며, 5G 차량용 통신 기술과 서비스를 개발하여 글로벌 시장을 선점하고자 한다. 회원사 중 독일 기업이 압도적이며, 독일은 자동차 분야에서 경쟁 우위에 위기 의식을 가지고 있다. 미국은 기술 우위를 가지고 있어 5G 기반 자율주행에 적극적으로 참여하고 있다. 독일 주도의 5GAA는 글로벌 자동차 업체들의 주도력을 가지며 큰 영향력을 지니고 있다.

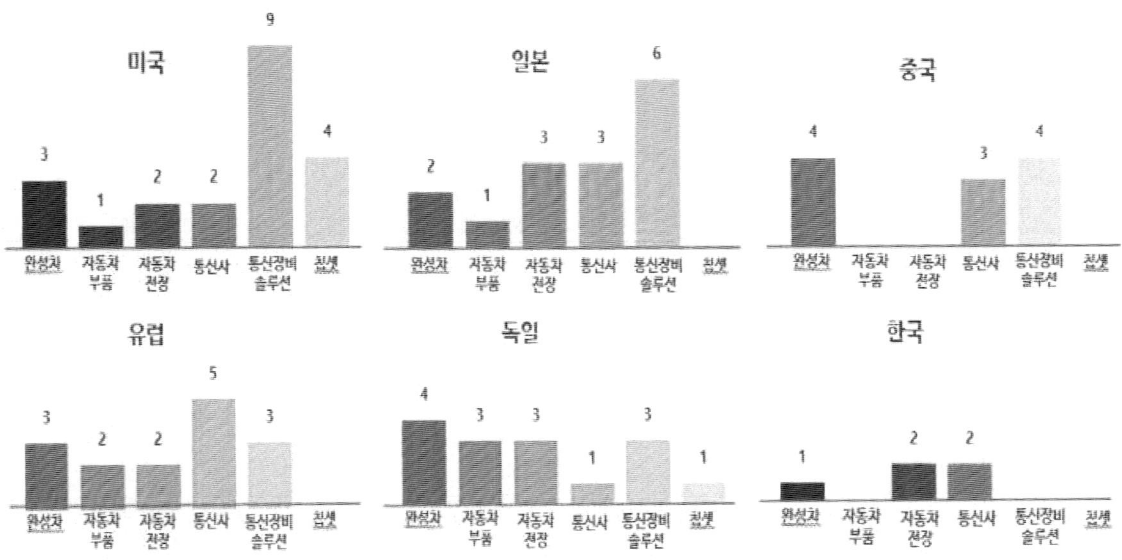

[그림 53] 국가별 5GAA 회원 분포

다. 5G와 스마트팩토리 융합 동향

독일은 5G 융합 산업에 대한 주파수 할당에서 눈에 띄게 선두를 달리고 있다. 대표적 제조업 강국인 독일은 5G 융합 산업이 활용할 수 있는 주파수 대역으로 추가로 3.7~3.8GHz를 할당할 예정이다. 현재 경매 중인 3.4~3.7GHz 대역은 전략적으로 전국적인 5G 애플리케이션을 지원하기 위한 주파수 대역으로 간주된다.

3.7~3.8GHz 대역은 5G를 빠르게 확산시키기 위한 추가 주파수이다. 경매를 통하지 않고 이용기간을 10년 부여하지만, 1년 이상 사용하지 않는 주파수는 즉시 회수되며 신청자는 주파수를 어떻게 활용할 것인지에 대해 심사받게 된다.

영국은 2019년에 3.8~4.2GHz 대역을 추가로 공급했고 이 대역은 5G 표준이 적용되는 대역으로 해당 대역의 5G 발전을 촉진하는 대역이다. 그러나 3.4~3.8GHz 대역과는 달리 이 대역은 지역에 따라 위성지구국, 고정링크, 고정무선 접속으로 이미 이용되고 있다는 한계가 있다. 따라서 영국은 기지국 커버리지가 좁은 저출력 면허에 방점을 두고 있으며 도심이나 산업 단지에서 5G 애플리케이션을 제공하는데 활용될 것으로 기대하고 있다.

일본도 비슷한 움직임을 보이고 있다. 추가 공급을 검토 중인 4.6~4.8GHz 대역, 28.2~29.1GHz 대역은 5G 스마트팩토리, 원격 제어 관련 애플리케이션으로 활용을 기대되고 있다.

중국은 아직 눈에 띄는 움직임을 보이고 있지는 않다. 다만, 화웨이는 오랜기간 산업 인터넷 분야에서 5G 확산 노력을 기울여왔고 표준화를 선도하고 있다.

한편, 2018년 6월에 결성된 5G-ACIA에 관심을 가질 필요가 있다. 5G-ACIA는 제조 공정 자동화에 5G 기술을 활용하고 5G 표준화 작업에 산업계의 요구를 전달하기 위해 독일 전자산업협회(ZVEI)로부터 출범하였다. 2018년 12월 기준으로 회원현황을 보면 독일 23개, 유럽 9개, 중국 2개, 일본 2개, 한국 1개로 구성되어 있다. 지멘스, 요코가와, ABB 등 공정 자동화 업계의 선도 기업이 참여하고 있어 영향력이 상당하므로 스마트팩토리 분야에서의 5G 확산이 상당한 추진력을 얻고 있다.

독일은 주파수 측면, 글로벌 생태계 주도 측면에서 발 빠르게 움직이고 있다. 가장 다수의 5G-ACIA 기업을 보유한 독일은 오랫동안 스마트팩토리를 추진해 왔으며 로봇을 통한 자동화 생산 공정에 집중하였다. 자신이 강점을 가진 제조업에 5G를 신속히 접목시키려는 이유는 AI, 빅데이터, 클라우드 등 제조 분야에 적용될 수 있는 소프트웨어 분야에서 미국에 뒤쳐져 있다는 위기감이 높기 때문이다.

7. 5G와 비즈니스 기회

7. 5G와 비즈니스 기회[33)

가. 5G로 창출될 새로운 비즈니스 기회

5G의 3대 기술적 특징(초고속, 초저지연, 초연결)은 9대 영역에 복합적으로 작용해 변화를 이끌 것이나, 그 중에서도 특별히 영향을 많이 받을 것으로 예상되는 특징에 따라 3개씩 구분지어 살펴보면 다음과 같다.

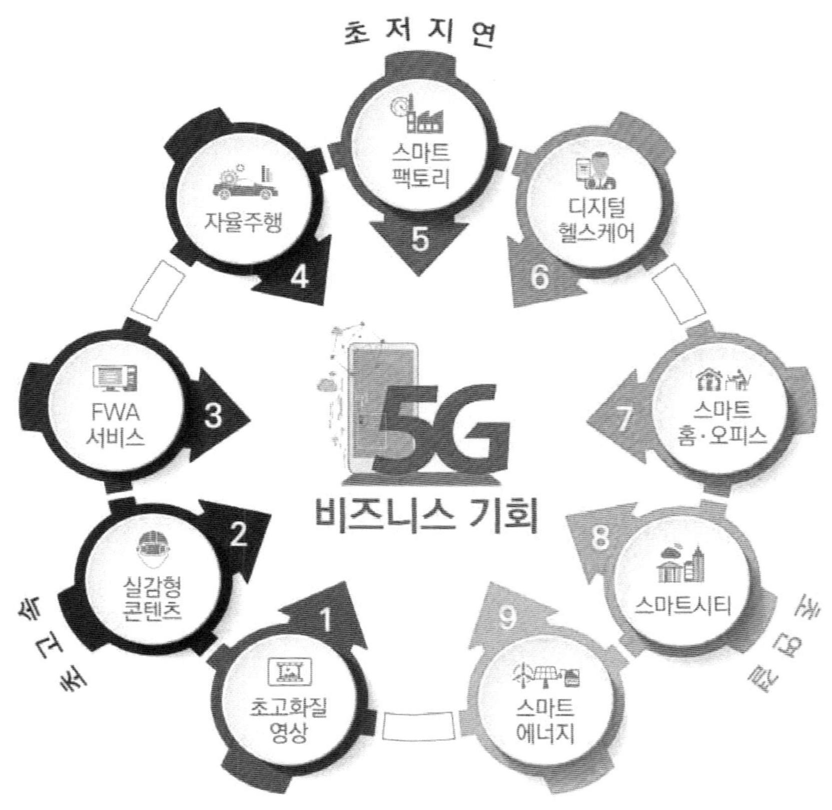

[그림 55] 5G로 부상할 9대 비즈니스 기회 영역

5G를 사용함으로써 얻을 수 있는 특징인 초고속을 통해 부상할 비즈니스로는 ① 초고화질 영상, ②실감형 콘텐츠, ③FWA(Fixed Wireless Access) 서비스가 선정되었다. 초저지연 특징으로는 ④자율주행, ⑤스마트팩토리, ⑥디지털 헬스케어가 5G의 초연결 특징으로는 ⑦스마트홈·오피스, ⑧스마트시티, ⑨스마트 에너지가 선정되었다.

5G가 부상함으로써 예상되는 경제적 영향은 국내외에서 조사되고 있는데, 이를 적기에 비즈니스 기회를 포착하는 것이 매우 중요하다. 스웨덴 통신장비업체 에릭슨은

---

33) 5G가 촉발할 산업 생태계 변화, 삼정KPMG, 2019

2026년 전 세계 5G 단말·장비시장은 344조원, 통신서비스는 410조원, 5G 기반 융합
시장은 1,440조원에 이를 것으로 2017년에 발표한 바 있다.

　국내의 KT 경제경영 연구소는 2018년 7월 발표한 보고서를 통해, 국내에서 5G가
창출할 사회경제적 가치가 2030년 47.8조원에 달할 것으로 분석했다. 구체적으로는
국내 제조(15.6조원), 자동차(7.3조원), 금융(5.6조원), 미디어(3.6조), 헬스케어(2.9조)
등 10개 산업영역에서의 경제적 효과가 42.3조원에 이를 것으로 전망했다. 아울러 국
내 스마트오피스(3.6조원), 스마트시티(0.9조원) 등 4개 기반 환경에서 5.4조원의 가치
가 창출될 것으로 전망했다.

나. 5G의 초고속 네트워크기반 유망분야

　5G 환경에서는 최대 전송 속도가 20Gbps, 사용자가 체감할 수 있는 속도는 100Mbps에 이를 전망이다. 20Gbps의 속도에서 FHD 해상도 4GB(기가바이트) 용량의 영화를 한 편 다운로드 받는 데 걸리는 시간은 1.6초다(100Mbps에서는 320초). 물론 이는 최대 전송 속도이므로 실제 체감 속도는 더 낮아질 테지만, 그야말로 '몇 초 내에 기가바이트 용량을 다운받을 수 있는 초고속 네트워크 환경이 실현되는 것이다. 이 같은 초고속 전송 속도는 용량이 큰 데이터를 부담 없이 활용할 수 있는 환경을 제공한다. 특히 4K, 8K 등 초고화질 동영상이나 VR(가상현실)·AR(증강현실) 등 실감형 콘텐츠는 용량이 매우 큰데, 5G의 도입은 이들 콘텐츠의 유통 및 서비스 활성화로 이어질 수 있다.

[그림 56] 5G의 초고속 특성에 따른 변화 및 기회

　또한 5G 환경에서는 고정형 무선 초고속인터넷 서비스인 FWA(Fixed Wireless Access)가 등장할 것으로 예상된다. FWA는 5G 셀룰러 신호를 수신하여 집이나 사무실에 설치된 5G 라우터를 통해 와이파이로 변환해 전송하는 서비스이다. 이 서비스는 5G에서 사용하는 mmWave로 넓은 대역폭을 확보할 수 있어 5G 이동통신과 비슷한 성능을 제공받을 수 있다. FWA는 고정 단말을 대상으로 하기에 mmWave대역에서 구현이 가능하다.

　　FWA는 광섬유 유선 통신망으로 연결된 기지국에서 5G 무선 신호를 송출하는 융합 서비스로 경제적인 구축 비용, 커버리지 확대 등의 강점에 힘입어 기존 유선 초고속 인터넷을 대체하거나 보완할 수 있을 것으로 기대되고 있다. FWA서비스 확대에 따라 통신 서비스 및 장비 시장에 새로운 기회가 창출될 것으로 보인다.

1) 초고화질 영상으로 인한 신규 비즈니스 기회

① 콘텐츠 소비 측면 : FHD, 4K 등 초고화질 영상 서비스 확대
　　이동통신 플랫폼에서 4K 등의 초고화질 서비스에 가장 큰 장애물로 여겨지는 것이 바로 네트워크 대역폭이다. 동영상의 용량은 FHD, 4K, 8K 등 화질 품질 단계가 올라가면서 급격하게 증가한다.

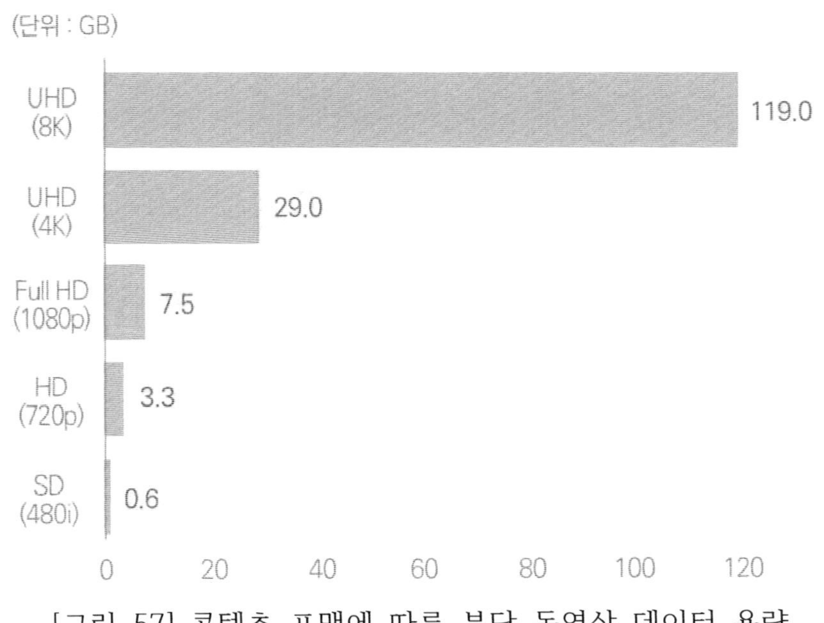

[그림 57] 콘텐츠 포맷에 따른 분당 동영상 데이터 용량

　　UHD 4K(3840x2160) 동영상은 FHD(1920x1080)에 비해 픽셀이 4배 더 많기 때문에 용량도 4배 가량 증가한다. 넷플릭스는 4K 동영상 스트리밍을 위해 25Mbps 이상의 네트워크 대역폭을 추천하고 있다. 따라서 현재 10Mbps 수준의 체감 속도를 제공하는 4G LTE 네트워크에서는 4K 동영상 스트리밍이 불가능하며, 100Mbps 이상의 속도를 제공하는 5G에서만 제공 가능하다.

　　초고화질 영상은 대역폭과 함께 모바일 데이터 트래픽의 문제도 함께 유발한다. 통신장비업체 에릭슨에 따르면 동영상 트래픽은 2018년 기준 전체 모바일 트래픽의 60%를 점유하고 있으며, 2024년까지 연평균 35% 증가해 전체 모바일 트래픽 중

74%를 차지하게 될 것으로 예상되고 있다.

이에 따라 2018년 전 세계 스마트폰 동영상 스트리밍 데이터의 월평균 트래픽이 3.4GB인데 비해 2024년에는 16.3GB까지 폭증할 전망이다. 사용자들이 스마트폰에서 더 많은 동영상을 보는 것과 함께, 고화질 영상이 늘어 남으로써 위와 같은 모바일 트래픽의 급증이 예상되는 것이다.

카테고리	1인당 평균 데이터 소비량 (GB/월간)		증가폭 (배)
	2018년	2024년	
동영상 스트리밍	3.4	16.3	x 4.8
앱 트래픽	1.0	2.1	x 2.1
다운로드	0.6	1.2	x 2.0
메시징	0.5	0.9	x 1.8
오디오 스트리밍	0.1	0.4	x 4.0
전체	5.6	21.0	x 3.8

[그림 58] 전 세계 1인당 평균 스마트폰 데이터 소비량

5G 네트워크는 속도 향상과 더불어 데이터 트래픽에 대한 부담을 경감시킴으로써 원활한 고화질 동영상 서비스 환경을 제공한다. 다만, 5G 도입에 따른 초고화질 영상 서비스는 아직 4K 스마트폰 보급이 더디고 모바일에서 4K 화질을 체감하기 어렵다는 한계 때문에 단계적인 확산이 예상된다.

현재 모바일 네트워크에서 주로 720p 화질로 시청되는 동영상 스트리밍 속도가 1080p로 높아지는 등 점진적인 업그레이드가 먼저 이루어지고 있고, 4K 스트리밍은 이후 고화질 지원 단말의 시장 보급과 합리적인 서비스 가격 소비자의 화질 체감에 따라 점진적으로 상용화와 시장 확대가 이루어질 것이다.

또한 향후 소비자가 이용할 수 있는 스크린이 확장되는 멀티스크린 트렌드에 맞춰, 한 단말에서 보던 영상을 다른 단말에서 이어 보는 continuous playback 서비스도 증가할 것으로 보인다. 이 서비스를 활용하면 동일한 콘텐츠를 여러 디바이스 간의 상호로 끊김 없이 전환하며 시청 가능하다.

② 콘텐츠 제작 측면 : 초고화질 실시간 방송, 영상 제작 활성화

5G의 도입은 4K, 8K 초고화질 영상의 실시간 전송을 가능케 함으로써, 콘텐츠 제작 분야에서 고화질 영상의 제작을 크게 도울 것으로 예상된다. 유튜브는 2014년부터 4K 영상 재생 지원을 시작해 2016년에는 실시간 4K 중계 기능까지 제공하고 있다. 이에 따라 유튜버, MCN(Multi Channel Network), 1인 크리에이터들의 고화질 영상 제작도 크게 늘어났는데, 이는 4G 이동통신 네트워크에서는 실시간 중계가 불가능했던 4K영상을 5G 환경에서 가능케 만들었기 때문이다. 5G 도입과 확산은 유튜버의 4K 실시간 동영상 방송 활성화로 이어질 전망이다. 또한 5G를 사용하여 방송사들의 스포츠, 뉴스 등의 초고화질 촬영 영상 실시간 중계 서비스를 원활하게 만들어 줄 것이다.

③ 5G가 촉진할 초고화질 영상 활성화와 제작 환경의 변화

5G의 도입은 초고화질 영상 콘텐츠에 큰 영향을 미칠 것으로 예측되나, 모바일과 이동통신 산업에 직접적인 영향을 미치는 만큼, 각 분야에서의 중요성과 파급력은 상이할 것으로 보인다. 4K TV와 같은 대역폭을 이미 갖춘 기존 기기는 5G의 영향을 제한 적으로 받을 것으로 예상되며, 스마트폰의 작은 화면으로는 4K의 이점을 체감하기 어렵다는 문제도 있다.

또한, 5G가 감당할 수 있는 트래픽과 속도에 대한 우려가 있어 도입 초기에는 콘텐츠 제작 측면에서 파급력이 더 클 것으로 예측된다.

구분	5G 도입에 따른 초고화질 영상 생태계의 변화	기대 효과
콘텐츠 소비	·모바일 단말에서 OTT(온라인동영상 서비스)를 통해 FHD, 4K 등 고화질 영상 이용 증가 ·통신사 동영상 트래픽 부담 경감 및 비용 절감	·모바일 단말에서 고화질 콘텐츠 소비는 제한적으로 이뤄질 전망 ·초고화질 영상 서비스와 통신요금을 결합한 프리미엄 융합서비스 출현 가능
콘텐츠 제작	·실시간 초고화질 영상 전송 가능 ·유튜브 등 1인 미디어와 TV, 케이블 등 기존 미디어 모두에서 초고화질 실시간 방송의 장점 발휘	·실시간 영상 전송에 필요한 모빌리티 확보를 통해 소비보다 제작 측면에서 더 큰 파급력 전망 ·유튜버 등 1인 크리에이터 대상의 B2C 서비스, 방송사·콘텐츠 개발사 대상의 B2B 서비스로 구분

[그림 59] 5G 도입에 따른 초고화질 영상 생태계의 변화와 기회 요인

2) 실감형 콘텐츠로 인한 신규 비즈니스 기회

① VR(가상현실)·AR(증강현실)·MR(혼합현실) 등 실감형 콘텐츠의 활성화

　VR·AR·MR 등 실감형 콘텐츠는 360도 전면에서 볼 수 있는 영상 이미지, 입체 사운드, 모션인식 등의 데이터를 포함하기 때문에 용량이 매우 크다. 통신장비업체 에릭슨이 분석한 자료에 따르면 실감형 콘텐츠를 하루에 5분씩 스트리밍 방식으로 이용했을 경우, 1080p VR의 월간 트래픽 발생량이 10GB 이상으로, 일반적인 1080p 영상의 3배가 넘는 트래픽을 보이고 있다. 또한 25Mbps의 대역폭을 필요로 하는 AR 콘텐츠는 8K 해상도 영상을 뛰어넘어 30GB에 가까운 트래픽을 발생시킨다. 따라서 5G는 모바일 플랫폼에서의 VR·AR 콘텐츠 전송에 적합하다고 평가된다.

　VR·AR 콘텐츠의 품질에 큰 영향을 미치는 또 다른 요소인 지연시간에 대해서도 5G가 매우 유리하다. VR 콘텐츠 사용자는 고개를 돌릴 때 360도의 시야를 볼 수 있어 시각 반응이 7ms 이하이고, VR 화면 처리에 필요한 시간을 고려하면 1ms 수준의 낮은 지연시간이 필요하다. 5G의 지연시간이 크게 단축되면 부드러운 화면 이동을 더욱 즐길 수 있을 것으로 예상된다.

　전 세계 가상 현실(VR) 시장은 2020년 61억 2,700만 달러에서 연평균 성장률 27.9%로 증가하여, 2025년에는 209억 3,100만 달러에 이를 것으로 전망된다.[34]

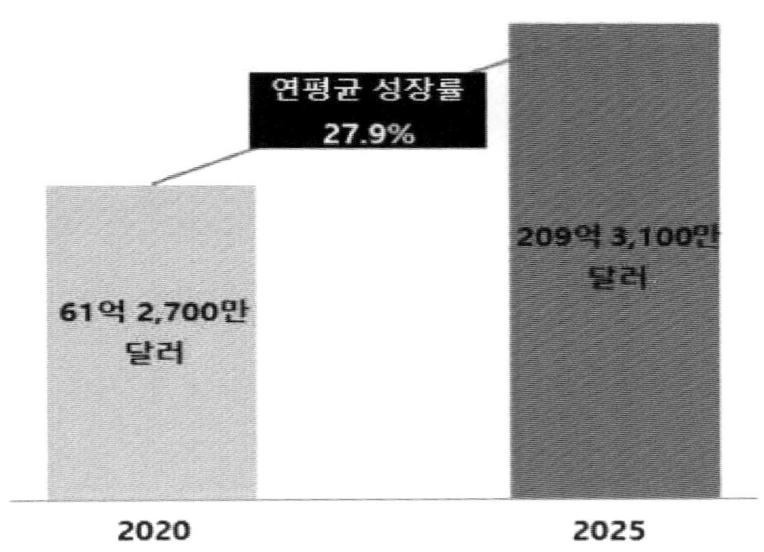

[그림 60] 글로벌 가상 현실(VR) 시장 규모 및 전망

---

34) 가상 현실 시장, 연구개발특구진흥재단, 2021.03

전 세계 증강 현실(AR) 시장은 2019년 107억 달러에서 연평균 성장률 46.6%로 증
가하여, 2024년에는 727억 달러에 이를 것으로 전망된다.35)

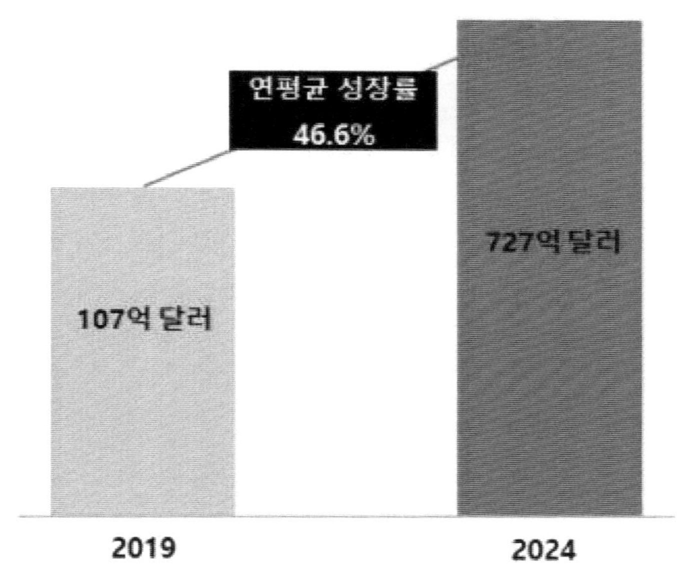

[그림 61] 글로벌 증강 현실(AR) 시장 규모 및 전망

② 5G 도입으로 부상하는 유망 실감형 콘텐츠 : 실감형 클라우드 게임, 실감형 광고
　5G의 초고속 전송과 초저지연은 VR 클라우드 게임과 실감형 광고에 새로운 전망을
열고 있다. 현재 고품질 VR 콘텐츠, 특히 대용량 데이터와 낮은 지연성이 필요한 VR
게임은 유선 연결된 고사양 PC에 거치형 VR HMD를 사용해 주로 이용된다. 그러나
5G 도입으로 네트워크를 통한 VR 클라우드 게이밍이 상용화되면, 이는 게임 시장에
큰 영향을 미칠 것으로 전망된다.

　무선 연결된 HMD를 통해 클라우드 센터 PC의 고해상도 영상을 낮은 지연시간으로
전송함으로써 VR 게임의 효율성이 향상되고 사용자의 편의성이 증대된다. 오범
(Ovum)에 따르면, VR·AR 클라우드 게이밍 시장은 2028년까지 2,400% 성장해 477
억 달러에 이를 것으로 예측되며, 이를 통해 5G의 누적 매출 기여 규모는 1,420억
달러에 달할 것으로 예상된다.

　또한, 5G 도입은 VR·AR 광고 분야에서도 변화를 가져올 것으로 예측된다. 높은 대
역폭을 통한 실감형 광고는 더욱 차별화된 효과를 낼 수 있을 것으로 기대된다. 이로
인해 광고 기반 플랫폼 홀더는 새로운 수익원을 창출할 수 있을 것이다. 5G 환경에서
는 사용자의 광고 체험이 향상될 것으로 예상된다.

---

35) 증강 현실 시장, 연구개발특구진흥재단, 2021.03

3) FWA(Fixed Wireless Access)로 인한 신규 비즈니스 기회

① 기존 유선 초고속인터넷을 대체하는 FWA 서비스 등장

  FWA(Fixed Wireless Access)는 5G 무선통신과 집이나 사무실에 설치된 5G 라우터를 이용해 초고속인터넷을 사용하는 것으로, 기존의 케이블, 광통신, DSL(Digital Subscriber Line)을 이용한 유선 초고속인터넷을 무선융합서비스로 대체한다.

  FWA용 안테나는 매크로셀, 스몰셀 등 근접한 기지국과 통신하기 위해 집이나 건물의 꼭대기층에 설치된다. 안테나가 초고속 전송을 위해 기지국과 근접해야 하지만, 5G 커버리지가 효과적으로 집이나 빌딩 전체로 확장될 수 있다는 장점이 있다. 안테나는 집이나 건물 내부의 피코셀, 펨토셀과 광섬유로 연결되어 모바일 커버리지를 실내로 전달하며, 모바일 신호가 라우터나 모뎀을 거쳐 와이파이 신호로 변환될 수도 있다. 버라이즌은 2018년 10월에 '버라이즌 5G홈' 서비스를 세계 최초로 휴스턴, LA 등 4개 도시의 일부 지역에서 시작했다. 이 서비스는 라우터가 셀룰러 5G 전파를 받아 와이파이 신호로 변환해 집 내부에 전송하는 방식으로 소비자를 대상으로 한 5G 상용화 서비스로 주목받았다. 그러나 이 서비스는 라우터가 설치된 장소에서만 사용 가능하며 핸드오버 기술이 불가능한 NSA(NoneStandalone) 방식이라는 한계가 있다. 또한, 이는 5G 표준 기술이 아닌 버라이즌 자체 5G 기술로 구현되었으며, 향후 5G 표준 기술에 기반한 장비로 교체해야 할 부담이 있다. 버라이즌은 4개 도시 이외에 서비스를 확대할 계획이 없다고 밝혔다. 한편, AT&T는 2018년 12월에 넷기어의 '나이트 호크 5G 모바일 핫스팟'을 활용해 애틀란타를 비롯한 12개 도시에서 5G 전파를 와이파이로 바꿔 실내에 전송하는 서비스를 개시했다. 이 서비스는 세계 최초의 SA(Standalone) 방식 모바일 5G 서비스로 소개되었지만, 기술적으로는 버라이즌의 '5G홈'과 유사한 것으로 보인다.

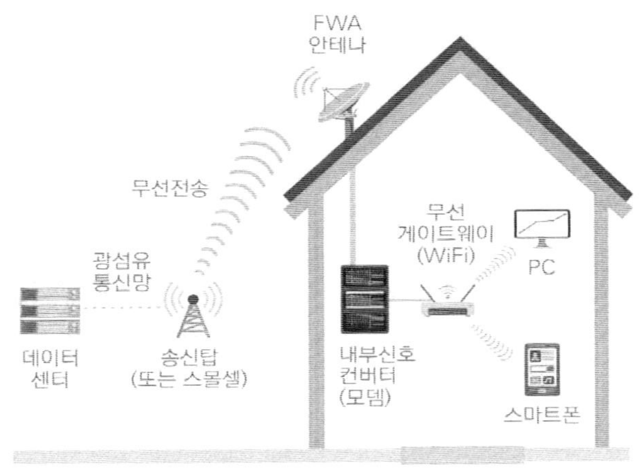

[그림 62] FWA 시스템 개념도

② FWA 서비스로 새롭게 형성될 통신 장비 및 인프라 시장

　5G는 체감 속도 면에서 4G와 차이를 두고, 유선 초고속인터넷과 유사한 수준의 성능을 제공한다. 이는 매크로셀, 스몰셀 등 기지국까지 광통신망 연결이 필요하지만, 유선인터넷에 비해 인프라 구축비용이 유리하다는 특징이 있다. 이러한 특성은 모바일 통신사업자가 전 지역 커버리지를 확대하기 위한 5G 통신망에 투자할 때 FWA 방식으로 초고속인터넷을 제공하는 데 유리하다.

　미국과 같이 국토가 광대한 지역에서는 지역마다 인터넷 속도와 품질의 큰 차이가 있으며, 일부 지역에서는 특정 케이블 인터넷 사업자만 서비스를 제공하는 경우도 있다. 따라서 모바일 통신사업자들은 FWA를 통해 케이블 인터넷 사업자와 경쟁하거나 교외지역에서 비용을 절감하면서 품질이 우수한 초고속인터넷 서비스를 제공할 수 있다. 다만, 이를 위해서는 무제한 트래픽을 관리하면서 높은 성능을 유지할 수 있는 기술이 필요하다.

　FWA 도입으로 통신장비와 인프라 측면에서 새로운 시장이 형성될 가능성이 있다. FWA용 안테나, 라우터, 모뎀, 광통신선 등의 장비가 필요하며, 이로 인해 삼성전자와 넷기어 같은 기업들이 관련 장비를 개발하고 생산할 것으로 전망된다. 시장조사에 따르면 미국과 영국 소비자의 절반 이상이 5G 서비스로 초고속 인터넷과 IPTV를 사용할 의향이 있으며, 이에 따른 통신 서비스 매출이 2028년에는 90억 달러에 달할 것으로 예상된다. 이러한 FWA 서비스의 확대는 통신사 및 장비 업체들에게 새로운 비즈니스 기회를 제공할 것으로 예측된다.

다. 5G의 초저지연 기반 유망분야

5G 무선 통신은 4G(LTE)에 비해 종단 간 지연 시간이 최대 10분의 1로 짧아져, 실시간 서비스에 더 가까워졌다. 이 초저지연 특성은 주로 자율주행, 스마트팩토리, 디지털 헬스케어 분야에서 중요한 역할을 한다. 자율주행차는 5G의 초실시간성을 필요로하여 주변 사물과 통신(V2X, Vehicle to Everything)하여 즉각적으로 행동한다.

또한, 원격 의료 서비스도 5G의 초저지연 특성이 필수적이다. 수 십 킬로미터 떨어진 곳에서의 원격 의료는 환자의 안전과 생명에 직결되므로, 초실시간성이 요구된다.

스마트팩토리에서는 물리적 공장을 가상으로 투영하고 3D 공간에서 실시간으로 모니터링하며 긴급한 상황에 원격으로 제어해야 한다. 이러한 요구에 5G의 초저지연 특성이 필수적으로 요구된다.

총체적으로 4차 산업혁명의 다양한 기술들이 협력하여 이러한 변화를 주도하겠지만, 5G 통신 기술은 미래의 모빌리티, 제조, 헬스케어 산업에서 혁신적인 성장을 이끌어내는 핵심 인프라 역할을 할 것으로 예상된다.

[그림 63] 5G의 초저지연 특성에 따른 변화와 기회

1) 자율주행으로 인한 신규 비즈니스 기회

① 미래의 캐시카우로 주목받는 주문형(On-Demand) 자율주행 서비스

자율주행 기술의 상용화는 개인용 차량보다는 공유 차량이나 대중교통에 먼저 적용될 것으로 예상되어, 주문형(On-Demand) 자율주행 서비스가 주목받고 있다. 이 서비스는 스마트폰으로 차량을 호출하면 자율주행 차량이 호출 장소로 도착하고, 목적지에 도착하면 다른 승객을 태우기 위해 이동하는 시스템을 의미한다. 이로 인해 확보되는 주행 데이터와 고객 데이터는 서비스 향상과 함께 자율주행 기술 발전에 기여한다.

우버는 이미 2015년에 주문형 교통 서비스에 대한 비전을 발표하며, 미래에는 자율주행과 승차 공유(Ride-sharing)를 결합한 비즈니스 모델이 대중교통과 경쟁할 것으로 기대하고 있다. 완성차 업체도 차량 공유 문화의 확산에 대비하고 자동차 판매 감소에 대응하기 위해 주문형 자율주행 서비스로 진출하고 있다.

다임러는 차량 공유 서비스인 '카투고(Car2Go)'와 2014년에 인수한 택시 예약 애플리케이션인 '마이택시(My Taxi)'를 통해 공유 및 서비스 부문의 사업을 확장하고 있다.

미래의 주문형 자율주행 서비스는 사람 이동뿐만 아니라 자율주행 트럭, 배달 로봇, 비행 택시 등 다양한 분야에 적용될 것으로 예상된다. 자율주행의 상용화는 Mobility-as-a-Service(MaaS) 비즈니스 모델로의 전환을 가속화할 것으로 예상되며, 이는 최적 경로로의 이동과 비용 절감을 가능케 하여 소비자의 경험을 향상시킬 것이다. MaaS 사업화를 위해서는 도시의 교통 인프라를 통합한 플랫폼이 필요하며, 기업 간의 경쟁이 치열해질 것으로 예상된다.

② 차량용 인포테인먼트 시스템의 부상

 자동차의 개념이 운송 수단에서 사람과 교감하며 더욱 풍부한 경험을 제공하는 공간
으로 변화함에 따라 인포테인먼트(Infotainment)에 대한 관심과 투자가 늘고 있다.
그랜드 뷰 리서치에 따르면, 2025년에는 글로벌 차량용 인포테인먼트 시장의 규모가
376억 달러에 달할 것으로 전망되어 기업들이 차량 내에서 사용자에게 어떤 혁신적
인 경험을 제공할지에 주목하고 있다.
 국제전자제품박람회 CES에서는 5G를 중심으로 한 다양한 모빌리티 상품이 전시되
었다. 삼성전자는 하만의 전장기술을 활용한 '디지털 콕핏(Digital Cockpit)'을 선보이
고, 메르세데스-벤츠는 사용자의 움직임을 통해 작동하는 'MBUX(Mercedes-Benz
User Experience)' 인포테인먼트 시스템을 소개했다. 아우디는 자율주행차용 미디어
를 개발하기 위해 디즈니와 협업하여 새로운 형태의 VR 콘텐츠를 개발하는 등 기술
기업들의 참여도 두드러졌다.
 뿐만 아니라, 전통적인 오토모티브 기업 외에도 애플과 구글과 같은 ICT 기업들도
차량용 인포테인먼트 서비스를 제공하고 있다. 애플의 '카플레이'와 구글의 '안드로이
드 오토'는 음악, 지도, 메시지 등 다양한 애플리케이션을 차 안에서 이용할 수 있게
끔 하며, 5G 시대에는 다채로운 맞춤형 스트리밍 콘텐츠가 이동 중에도 감상 가능할
것으로 기대된다.
 더불어 5G와 연결된 자율주행차는 AR 콘텐츠부터 VR 콘텐츠까지 다양한 실감형 콘
텐츠를 즐길 수 있는 공간으로 진화할 전망이며, 이로 인해 차량용 인포테인먼트 시
장에서는 자동차, IT, 미디어 기업 간의 치열한 경쟁과 협업이 이루어질 것으로 예상
된다.

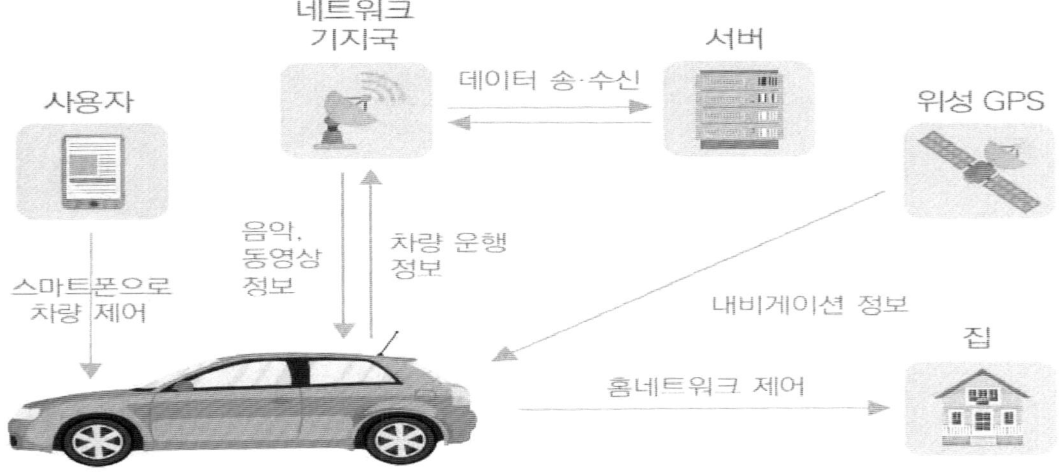

[그림 64] 차량용 인포테인먼트 시스템의 개념

2) 스마트팩토리로 인한 신규 비즈니스 기회

① 현실과 가상이 병존하는 디지털 트윈을 통한 제조혁신

4차 산업혁명 시대의 스마트팩토리는 기존의 운영기술(OT)과 정보기술(IT)을 결합한 지능화된 공장을 의미하며, 이의 궁극적인 지향점은 실제 공장과 실시간으로 연동된 가상의 공장(Virtual Factory), 즉 디지털 트윈(Digital Twin)을 만드는 것으로 볼 수 있다.

가트너가 선정한 미래 유망 기술인 디지털 트윈은 공장의 물리적 시설을 가상으로 투영하여 현실에서 발생할 수 있는 상황을 가상에서도 확인할 수 있도록 한다.

독일의 로봇 제조사 쿠카(Kuka)의 경우, 디지털 트윈을 활용하여 로봇의 부품 결함이 공장 전체의 가동을 방해하는 상황을 미연에 예측한다. 로봇의 부품 마모 수준을 실시간으로 측정한 데이터로 가상의 로봇을 시뮬레이션하고, 마모로 인한 고장 예측 및 필요한 부품 주문 프로세스를 구축하여 공장 가동률을 최적화하고 있다.

현실과 가상이 병행되어 실시간 데이터를 주고받고 상태를 동기화하기 위해서는 5G 통신기술이 필수적이다. 5G의 상용화와 제조 분야의 디지털 트랜스포메이션은 자동화를 뛰어넘어 지능화로 나아갈 수 있는 기반이 될 것으로 기대된다. 5G 통신을 통한 현실과 가상의 공장은 다음과 같은 측면에서 새로운 기회를 제공할 것으로 예상된다.

② 실시간 데이터 스트림을 통한 모니터링

첫 번째 기회 요인은 실시간 데이터 스트림을 통한 모니터링이다. 공장의 관리자는 5G를 통해 실시간으로 투영되는 가상의 공장을 한눈에 확인하며 공장의 가동 현황과 운영 효율성, KPI등 다양한 지표를 확인할 수 있다.

특히 미래 공장에는 수십만 개의 엔드 포인트(End Point) 에서 데이터가 수집되는 데, 이는 제품의 품질과 설비의 이상징후, 공정 과정 중 병목 현상(Bottleneck) 등의 이슈를 즉각적으로 파악하고 해결방안을 마련하는 데 활용될 수 있다.

③ VR·AR, 인공지능을 활용한 원격 제어

5G 환경에서 특정 설비에 문제가 발생했을 때, 엔지니어가 현장을 직접 방문하지 않고도 원격으로 문제를 해결할 수 있는 가능성이 크게 높아지고 있다. 이는 가상의 공장에서 실시간으로 운영되는 가상 모델인 디지털 트윈을 통해 실현된다. 산업용 VR·AR HMD(Head-mounted Display) 기기나 스마트 글라스를 착용하면 엔지니어는 멀리 떨어진 장비나 로봇을 시각적으로 확인하고 조작할 수 있게 된다.

원격에서 로봇을 조작하려면 높은 속도와 낮은 지연 시간이 필수적이다. 5G의 특성상 이러한 요구 사항을 충족시키므로, 작업자는 높은 정밀도로 신속하게 원격지의 로봇을 조작할 수 있다. 예를 들어, NTT도코모는 코마츠와 협력하여 건설 장비에 5G 네트워크를 연결하여 원격 제어를 가능케 하는 서비스를 개발하고 있다.

5G를 활용한 원격 작업이 가능한 제조 환경이 조성되면, 사람이 수행하기 어려운 복잡한 작업이나 위험한 환경에서도 안전하게 작업이 가능해진다. 더 나아가, 인공지능(AI) 기술의 도입으로 공장은 스스로 문제를 감지하고 학습을 통해 최적의 해결책을 찾아내는 능력을 키울 수 있게 된다.

지능화된 공장이 실시간으로 데이터를 수집하고 분석하여 공정의 불량 원인을 식별하며, 설비의 상태를 예측하고 유지보수를 미리 수행하는 예지보전 기술을 적용한다면, 가동 중단으로 인한 손실을 최소화하고 생산 효율을 높일 수 있을 것이다. 이는 제조업체들에게 혁신적인 기회를 제공하며 생산성과 안전성을 동시에 향상시킬 수 있다.

3) 디지털 헬스케어로 인한 비즈니스 기회

① 의료사물인터넷(IoMT)을 활용한 건강관리 서비스

의료 산업은 현재 치료 중심에서 질병 예방, 진단, 그리고 건강 모니터링 중심으로 전환되고 있다. 투자업체인 프린스펄 글로벌에 따르면, 2012년에 비해 2025년에는 치료와 관련된 지출 비중이 감소하고, 질병 예방, 진단, 건강 모니터링 관련 지출이 증가할 것으로 전망되고 있다.

5G 기술은 의료사물인터넷(IoMT)을 통해 생체 정보를 확보하고, 이를 기반으로 한 질병 예방 및 건강 모니터링 서비스를 제공하는 데 핵심적인 역할을 할 것으로 예상된다. 의료사물인터넷은 생체 정보를 전송하는 의료기기, 웨어러블 디바이스, 원격 센서, 무선패치 등을 포괄하는 개념으로, 5G 통신은 이러한 기기 간에 실시간 상호 연동이 가능하게 하여 안정적이고 지속적인 정보 축적이 가능한 환경을 조성할 것이다.

에릭슨 컨슈머랩의 보고서에 따르면, 5G 이동통신은 의료 서비스를 병원에서 가정으로 이동시키고, 언제 어디서든 생체 정보를 활용한 건강관리 서비스가 가능하게 할 것으로 예측되고 있다. 더불어 빅데이터와 인공지능 기술의 결합은 사용자가 자신의 건강을 관리할 수 있는 능동적인 서비스를 제공할 것이며, 헬스케어 공급자는 환자의 생체 정보를 기반으로 정밀의학 서비스를 제공하는데 도움이 될 것이다.

[그림 65] 5G로 연결된 디지털 헬스케어 시스템

② 의료와 정보통신 기술의 결합으로 실현되는 원격의료 서비스

　초정밀함이 요구되는 수술을 원격으로 진행하거나 응급 상황에서 병원과 사고 현장을 연결하기 위해서는 지연 없는 5G 통신환경이 필요하다. 5G의 실시간 통신 속도와 안정성은 원격 수술의 위험성을 크게 낮출 수 있다.

　의료 공급자를 찾기 어려운 지역의 거주자도 5G 통신 기술을 통해 원격으로 의료 서비스를 제공받을 수 있을 것이다. 실제로 2019년 1월 중국 푸젠성의 한 의과대학은 화웨이의 5G 기술을 이용해 50km 떨어진 곳의 실험용 돼지의 간 일부를 절제하는 원격로봇 수술을 진행하고 성공적으로 마친 바 있다.

　5G 시대에 시간과 공간 제약을 극복한 꿈의 헬스케어 시장이 열릴 것을 기대하고, 이 시장을 선점하기 위한 경쟁이 치열하다. 구글, IBM, 애플, 아마존과 같은 글로벌 IT 기업은 자사의 기기 또는 인공지능·OS·유통 플랫폼과 연동한 디지털 헬스케어 관련 사업 모델을 개발하고 있다.

　이에 반해, 국내 5G 기술은 타 국가 대비 앞서 있는 상태지만, 개인 정보에 대한 보안 이슈, 분산되어 있는 의료 데이터 등으로 인해 의료 업계에서의 혁신은 상대적으로 더디게 일어나고 있다. 5G를 통해 국내의 헬스케어 산업이 한 단계 도약할 수 있는 발판이 되기를 기대해본다.

라. 5G의 초연결 기반 유망분야

 미래 초연결 사회에서는 5G가 다양한 스마트 기기의 연결, 데이터 수집, 제어, 전송에 필수적일 것이다. IHS마킷에 따르면 2025년까지 400억 개의 IoT 디바이스가 연결될 것으로 전망되며, 이는 스마트홈, 오피스, 시티, 에너지 분야에서 큰 변화를 일으킬 것으로 예상된다.

 스마트홈 및 오피스에서는 5G를 기반으로 인공지능 플랫폼이 탑재된 분산된 생태계가 형성될 것으로 예상된다. 스마트시티에서는 5G가 도시 인프라를 연결하여 빅데이터를 교환하며 실시간으로 동작하는 도시를 구현할 것이다. 도로, 전력망, 가스관, 수도 등이 인터넷과 연결되어 지능적으로 운용될 수 있다.

 스마트 에너지 분야에서는 5G와 빅데이터, 인공지능, 블록체인, 클라우드 등의 기술이 접목되어 에너지 산업의 디지털화가 진행되고 있다. Massive IoT로 연결된 전력망을 통해 다양한 스마트 에너지 서비스 모델이 나타날 것으로 예상된다.

[그림 66] 5G의 초연결 특성에 따른 변화와 기회

1) 스마트홈·오피스로 인한 비즈니스 기회

① 스마트홈 시장에서 코피티션(Coopetition)을 통한 신사업 발굴

현재의 스마트홈은 각종 기기를 네트워크로 연결해 스마트폰으로 전자기기를 제어하는 정도이다. 그러나 5G 시대의 스마트홈은 인공지능(AI)과 접목되어 더 개인화되고 이용자 편의성을 높인 지능형 스마트홈으로 발전할 것으로 예상된다. 이미 인공지능은 우리의 일상생활 속에 파고들고 있다. 구글의 '구글 어시스턴트', 아마존의 '알렉사', 애플의 '시리'는 각종 생활가전과 인공지능 스피커에 탑재되어 음성으로도 가정 내 다양한 기기들을 제어할 수 있다. 이들은 유저에 대한 데이터뿐만 아니라 외부의 데이터와도 연동하여 더 확장된 스마트홈 생태계를 만들기 위해 노력하고 있다.

LG전자 또한 자사의 인공지능 브랜드인 '씽큐(ThinQ)'와 가전제품을 연동시켜 스마트홈 생태계를 구축하고 있는 중이다. 과거에는 가정에서 전원이 항상 켜져 있는 냉장고가 스마트홈의 중심 허브가 될 것이라는 전망도 있었다. 그러나 미래의 초연결 사회에서는 인공지능 플랫폼을 중심으로 개별 기기와 직접 소통하는 형태의 분산된 스마트홈이 만들어질 것으로 예상된다.

다양한 기기가 연결되고 상호 소통하는 스마트홈 환경에서 기업들은 협업과 경쟁을 통해 지능화된 스마트홈을 만들어가고 있다. 경쟁과 협업이 동시에 진행되는 스마트홈 시장에서는 기업이 어떻게 차별화된 서비스로 소비자를 유치하고, 동시에 지속적인 가치를 창출할 수 있을지에 대한 전략 수립이 필요하다.

② 홀로그램 회의를 통한 스마트 오피스 환경 구축

주 52시간 근무제의 확산과 업무와 삶의 균형에 대한 중요성 강조로 인해, 근무 환경을 개선하기 위한 고민이 늘어나고 있다. 5G를 기반으로 하는 스마트 오피스는 업무 효율성을 향상시키고 전체적인 업무 프로세스를 혁신적으로 변화시킬 것으로 기대된다. 또한, AR(증강현실)을 활용한 아바타와 홀로그래픽 텔레프레전스를 통한 영상회의도 곧 상용화될 것으로 전망된다. 이러한 기술의 도입은 미래의 근무 환경을 더욱 효율적이고 혁신적으로 만들어 나갈 것으로 기대된다.

③ BMS를 통한 스마트 빌딩 관리

BMS(Building Management System)를 활용한 빌딩 관리도 5G의 영향을 크게 받을 것으로 예측된다. 빌딩 내의 다양한 센서에서 수집한 데이터를 애널리틱스 기반의 클라우드 플랫폼에서 통합 관리함으로써 빌딩 내의 기계설비, 전력 설비 등 다양한 시설을 효율적으로 관리할 수 있을 것으로 예상된다.

예를 들어, 사무실에 설치된 센서로 사람의 유무에 따라 작동하는 스마트 조명 시스

템은 에너지 및 운영 비용을 절감할 수 있다. 또한, 다수의 빌딩에 대한 원격 제어 및 모니터링은 비상 상황 시 빠른 대처를 가능케 하여 효율적인 관리와 안전을 보장할 것이다.

④ 스마트홈·오피스의 필수 기술, 스마트·지능화 센서

센서 기술은 단순한 물질 감지를 넘어 스마트하고 지능화된 기능을 갖춘 센서로 발전하고 있다. 이러한 스마트·지능화 센서는 주로 스마트홈의 IoT 디바이스에서 사용되며, 다양한 용도로 활용되고 있다. 스마트홈 분야에서 필수적인 센서 기술은 주로 4가지로 요약된다.

1.**모션 센서**: 영역 내 움직임을 감지하여 스마트 시스템을 제어한다.

2.**누출 및 습기 감지 센서**: 가스와 미세먼지를 탐지하여, 공기청정기를 가동하거나 누수 시 경고를 사용자에게 전달한다.

3.**온도 및 습도, 가스 센서**: 집안의 난방과 냉방을 효율적으로 제어한다.

4.**인터콤과 허브**: 여러 센서를 통합하여 효율적으로 관리할 수 있도록 도와준다.

현재 이러한 스마트·지능형 센서 기술은 주로 유럽과 미국에서 개발되고 있으며, 기술적인 도전으로 인해 국내의 생산 비중은 아직 낮은 상태이다. 그러나 국내의 IT 제조사, 자동차 업체, 통신 사업자들이 센서 사업에 진입하고 있어, 향후 센서 시장에서의 경쟁이 더욱 치열해질 것으로 예상된다.

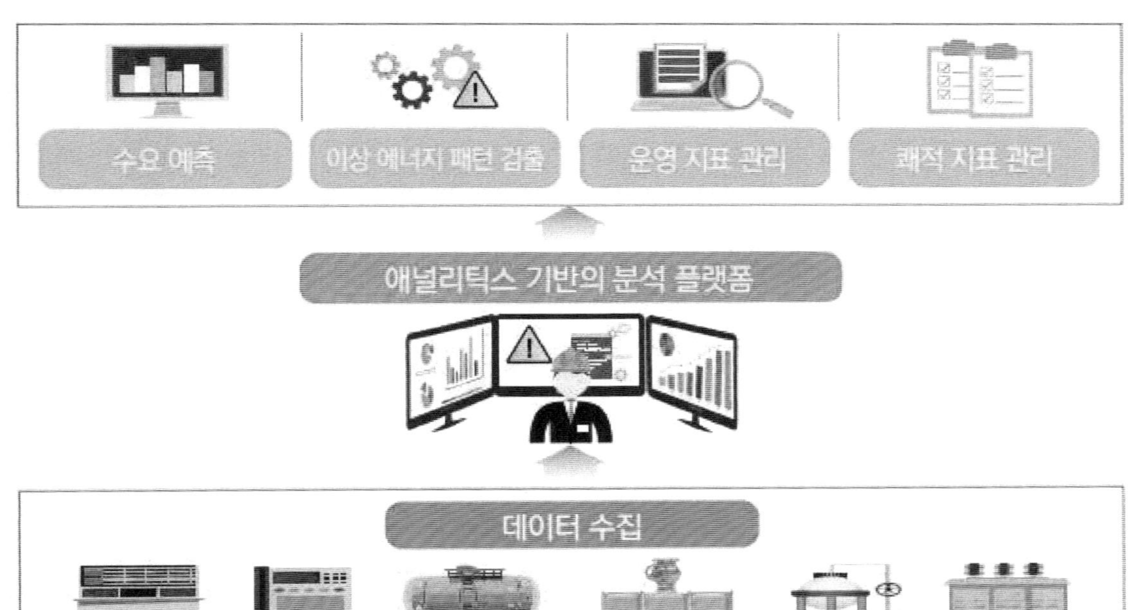

[그림 67] BMS(Building Management System)를 통한 스마트 빌딩 관리

2) 스마트시티로 인한 비즈니스 기회

① IoT로 연결된 도시의 공공 데이터를 활용한 신사업 기회 창출

스마트시티는 ICT를 활용하여 도시 인프라를 효율적으로 관리하고 교통, 주차, 범죄, 에너지 소비 등의 문제를 해결하여 시민의 생활을 향상시키는 개념이다. 이를 위해서는 대규모 IoT 장비를 연결하는 Massive IoT 환경이 필요하지만, 현재의 통신기술로는 한계가 있다.

5G 통신은 도시, ICT, 공간정보 인프라를 연결하여 도시 전체가 유기체처럼 최적의 상태를 유지할 수 있도록 도와줄 것으로 예상된다. 스마트시티의 핵심은 도시의 데이터로, 다양한 정보를 수집하고 분석하여 도시 문제를 해결하는 데 활용될 수 있다.

싱가포르의 '버추얼 싱가포르' 프로젝트는 도시의 모든 공공데이터를 가상의 디지털 트윈 도시로 이동시켜 현실과 똑같은 가상 도시를 만드는 프로젝트이다. 국내에서도 한국국토정보공사(LX)가 드론과 디지털 기술을 활용하여 지적 정보를 수집하고 스마트시티 서비스를 개발하고 있다.

5G를 통해 초연결된 도시의 다양한 데이터가 유기적으로 결합될 때, 기업들은 이를 연계, 활용, 판매하여 혁신적인 스마트시티 비즈니스를 창출할 수 있을 것으로 예상된다. 국가와 지자체는 이러한 혁신을 지원하여 스마트시티 비즈니스 생태계를 발전시킬 필요가 있다.

② 스마트시티 통합 플랫폼을 통해 고부가가치 사업으로 스케일업

스마트시티는 복잡하고 다양한 서비스가 융합되는 공간이며 이를 위한 통합 플랫폼의 역할이 중요해지고 있다. 최근 한국의 신도시 및 스마트시티 개발 경험을 스마트시티 플랫폼에 압축시켜 이를 해외로 수출하고자 하는 시도가 이어지고 있다. LG CNS는 교통, 안전, 에너지, 환경 등 도시 운영에 필요한 서비스를 한 곳에 통합 관제하는 IoT 결합형 스마트시티 통합 플랫폼인 '시티허브'를 출시한 바 있으며 한컴은 자사 계열사들이 보유한 솔루션과 서비스를 기반으로 스마트시티를 차세대 주력 사업으로 삼고, 전 세계로 스마트시티 솔루션을 수출하는 계획도 품고 있다.

타 국가에 비해 5G를 조기에 상용화하는 한국은 해외에서 다양한 스마트시티 관련 비즈니스 기회를 맞을 것으로 판단된다. 국내에서의 실증 사례와 경험을 플랫폼에 담아 설계단계부터 시공, 운영·관리까지 사업을 확장할 때, 고부가가치 사업으로 전환할 수 있는 계기가 될 것이다.

해외 시장을 공략할 때에는 글로벌 표준화된 기술을 활용해 도시 인프라를 구축하고, 서비스와 콘텐츠의 경우 각 국가·도시별 특성, 인프라 수준을 고려해 맞춤화된 형태로 채워나가는 방향으로 진행될 필요가 있다.

북한에서의 스마트시티 사업은 남북 협력의 유망한 분야로 간주되고 있다. 서울과 평양을 도시 네트워크로 연결하는 방안이 제안되었으며, 북한의 도시 인프라가 낮은 수준임에도 불구하고 최적의 환경으로 평가받고 있다. 남한의 ICT 기술력과 북한의 도시 인프라를 융합하여 북한을 4차 산업혁명의 중심지로 만들기 위한 준비가 필요하다.

스마트시티 프로젝트는 다양한 기술과 인프라가 필요하기 때문에 하나의 기업이 전담하기 어렵다. 관련 기술을 보유한 엔지니어링 업체, 건설 업체, 현지 파트너사와 함께 컨소시엄을 구성하고, 스마트시티의 기획부터 시공, 관리 운영까지를 함께 수출하는 방향으로 사업을 추진할 필요가 있다.

3) 스마트 에너지로 인한 비즈니스 기회

① 스마트 그리드 구축 및 운영에 요구되는 5G의 역할

　스마트 그리드는 기존 전력망에 ICT 기술을 결합하여 지능화하고 고도화하여 에너지 이용 효율을 높이는 핵심 요소로 간주된다. 에너지 저장 시스템(ESS), 지능형 검침 인프라(AMI), 지능형 송배전 시스템, 에너지 관리 시스템(EMS) 등 다양한 전력 기기와 시스템이 필요하다.

　스마트 그리드의 안정적인 운영을 위해서는 각 기기에서 측정된 데이터를 5G의 초연결과 안정성을 통해 빠르고 신뢰성 있게 전송해야 한다. 특히, 스마트 미터는 대규모의 네트워크 연결이 필요하며, SK텔레콤과 KT와 같은 통신사들은 가정용 스마트 에너지 미터와 네트워크 솔루션을 개발하고 시장에 진입하고 있다. 5G 네트워크는 에너지 효율성이 향상되어 에너지 소비 장치들을 효율적으로 연결하는 데 기여할 것으로 예상된다.

　5G는 발전소, 송전 및 배전 시설, 에너지 저장 시스템, 에너지 관리 시스템, 전력 소비자의 기기 등에 연결된 Massive IoT를 통해 지능형 전력 관리에 중요한 역할을 할 것으로 기대된다. 이는 전력망의 구조를 변화시키고 비즈니스 혁신을 이끌어낼 것으로 예상되며, 소비자는 전력 사용량과 요금을 실시간으로 모니터링할 수 있고, 공급자는 정교한 예측과 대응을 통해 전력 예비율을 유지하면서 설비 및 발전 비용을 절감할 수 있다. 또한, 5G 스마트 미터는 에너지 소비량을 감소시켜 에너지 효율을 향상시킬 것으로 예상되며, 이로 인해 연간 가치가 상당히 높아질 것으로 전망된다.

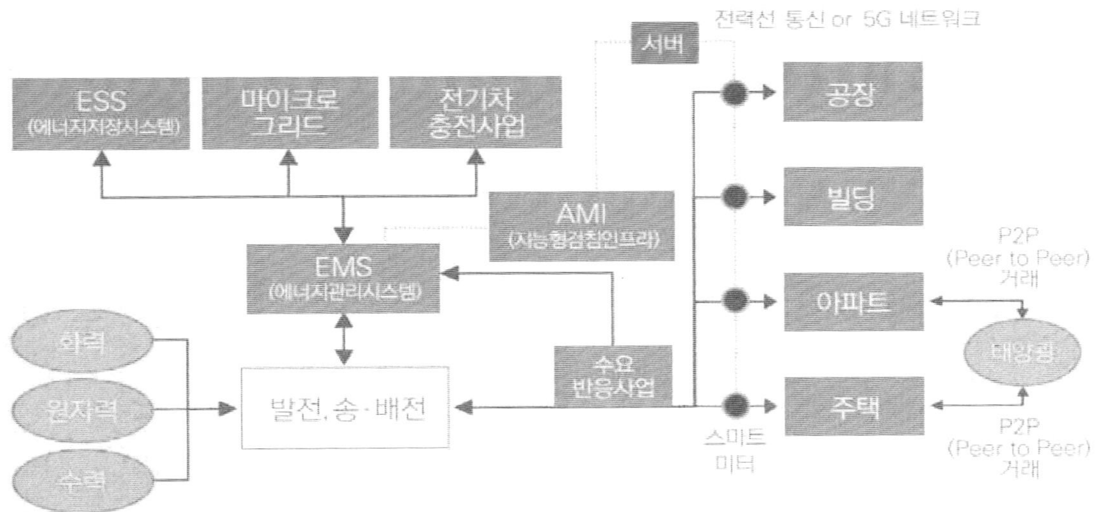

[그림 68] 스마트 그리드 구성요소 및 체계

② 스마트미터, 스마트 전력관리 단말, 에너지관리시스템의 부상

  5G 확산은 스마트 에너지 분야에서 여러 비즈니스 기회를 창출할 것으로 예상된다. 특히, 전력소비량을 실시간으로 측정하고 데이터를 전송하는 커넥티드 전력검침기인 스마트미터도 유망한 분야로 간주된다.

  현재 국내에는 2,000만대 이상의 아날로그 전력검침기가 설치되어 있는데, 한전은 2023년까지 총 1조 2,981억 원을 투자해 2,250만대의 스마트미터를 보급한다는 계획이다. 한전의 스마트미터는 전기선을 데이터 전송 네트워크로 활용하는 전력선 통신에 기반하고 있어, 5G의 도입은 미지수라는 한계가 있다. 다만, 유럽에서는 무선 방식의 스마트미터를 선호하고 있으며 영국 이동통신사 O2 등이 스마트미터 시장에서 5G의 활용 가능성을 제시한 바 있다.

  중국의 통신장비업체인 화웨이도 스마트미터 및 전력관리 시스템에서 5G 네트워크의 활용 사례를 소개하며 시장에 진입하고 있다. 이러한 동향으로 스마트 그리드 시스템이 발전함에 따라 5G 네트워크를 활용한 스마트미터가 시장에 등장할 가능성이 높아질 것으로 예측된다.

  스마트 전력관리 단말은 전력소비량을 지능적으로 컨트롤해 전력을 절감하는 기기이다. LED조명에 네트워크 모듈을 탑재한 스마트 가로등은 주변 환경에 따라 자동으로 밝기를 조절한다. 스페인 이동통신사인 텔레포니카(Telefonica)는 스페인의 도시 말라가의 시내 가로등 중 70%를 스마트 가로등으로 바꿔 연간 220만 파운드 이상의 전기요금을 절약한 것으로 알려졌다.

  가정 내 스마트 전력관리 단말로는 스마트 플러그를 활용하여 전력 콘센트에 연결하여 유휴 전력을 차단하거나 네트워크로 전원을 조절하는 기능이 주목받고 있다. 시장에는 다양한 제품이 출시되어 있다. 또한, 에너지관리시스템(EMS)은 스마트 그리드의 기반 인프라 중 하나로, 5G 기술이 활용될 수 있다. 특히, 전력량을 실시간으로 모니터링하고 발전량을 정밀하게 제어하기 위해서는 5G의 초연결성과 높은 안정성이 필요하다. 전기차 충전소, 에너지저장시스템(ESS), 태양광 및 풍력과 같은 분산형 신재생에너지 발전기와 함께 5G 네트워크 솔루션을 적용하여 데이터를 통합 관리함으로써 더욱 지능적인 EMS를 구축하는 것이 가능할 것으로 기대된다.

8. 참고문헌

8. 참고문헌

[1] 5G가 만들 새로운 세상, DNA 플러스 2019, 한국정보화진흥원
[2] 5G 국제 표준의 이해, 삼성전자
[3] 중국의 5G 이동통신 정책 추진 현황, 이규복, 전자부품연구원, 2017.08
[4] 글로벌 경쟁이 본격화하는 5G, 김지환, 정보통신정책연구원, 2019.05.29.
[5] 5G 단말기의 과제는 칩셋 비용, 2023년경 본격 5G 시대 전망, 정보통신기획평가원, 2019.04.03.
[6] 5G, 국내 반도체 산업의 신성장 모멘텀, 정보통신기획평가원, 2019.04.19.
[7] 5G 시대의 실감미디어 콘텐츠 유통환경 및 제작기술 변화, 정보통신산업진흥원, 2019.08
[8] 5G 도입 및 자율주행 현황, 홍승표, 김경훈, SK텔레콤, 2019.01
[9] 5G: 스마트시티와 자율주행의 가교, 김수연, 계명대학교, 2018.02.28.
[10] 5G와 스마트 제조, 홍승호, 한양대학교
[11] 5G 이동통신이 바꾸는 세상, KB 금융지주 경영연구소, 2019.06.03.
[12] 글로벌 경쟁이 본격화하는 5G, 김지환, iitp, 2019.05.29.
[13] 5G가 촉발할 산업 생태계 변화, 삼정 KPMG, 2019
[14] 5G 기술·산업 현황 및 향후 비전, KPC4IR, KAIST, 2020
[15] 중국의 5G+ 산업 인터넷 확산과 시점, 대외경제정책연구원, 2021
[16] 프랑스 5G 통신산업 현황과 전망, KOTRA, 2021.03.15.
[17] 스마트폰, 5G 동향 보고서, 키움증권, 2021.07.22.
[18] 반도체산업 중장기 전망, 이슈보고서, 한국수출입은행, 2021.04
[19] 가상 현실 시장, 연구개발특구진흥재단, 2021.03
[20] 증강 현실 시장, 연구개발특구진흥재단, 2021.03
[21] 5G 표준특허 선언 및 정책 동향, ICT Standard Weekly 제1059호, 2021
[22] 5G 칩셋 시장, 연구개발특구진흥재단, 2021.03
[23] 중소기업 전략기술로드맵 2021-2023, 5G+, 2020

초판 1쇄 인쇄 2019년 09월 25일
초판 1쇄 발행 2019년 10월 02일
개정판 발행 2021년 3월 15일
개정2판 발행 2022년 3월 15일
개정3판 발행 2024년 2월 26일

편저 비피기술거래 비피제이기술거래
펴낸곳 비티타임즈
발행자번호 959406
주소 전북 전주시 서신동 780-2   3층
대표전화 063 277 3557
팩스 063 277 3558
이메일 bpj3558@naver.com
ISBN   979-11-6345-503-5 (93560)

이 도서의 국립중앙도서관 출판예정도서목록(CIP)은 서지정보유통지원시스템홈페이지(http://seoji.nl.go.kr)와국가자료공동목록시스템   (http://www.nl.go.kr/kolisnet)에서 이용하실 수 있습니다.